時報出版

30公斤的距離

料理家私藏的46道減脂美味提案+喜愛的運動
50⁺也能擁有美眉身材

郭靜黛 Joyce ——著

從一道好吃的料理，開始瘦身

我們的身體是隨著時日慢慢變胖的，有時候生病更是不自覺的！尤其當你陷入焦慮、憂鬱、挫折、失意等各種生活困境中，迫使我們把焦點都放在那些艱難上，於是，開始疏於照顧自己，等你回頭時，才發現原來自己已經變成你不喜歡的樣子了！為了讓自己回到令人滿意的狀態，「減肥」是很多人的選擇之一。

「減肥」這兩個字從我大學畢業以來，就跟隨我至今，我

想,許多女子應該也如是。不過年輕時的「我想減肥」,大多時候是因為想要變漂亮、想要纖細合度,但是進入大齡之後,「我想減肥」的另一個考量,是健康。

少吃,並且放棄和體重數字較量

每次遇到別人問我是如何瘦下來?我只有一個答案:「少吃」!在減肥這條漫漫長路,經歷了幾十年,我終於明白,想要瘦下來,除了吃得少還需要學會「怎麼吃」!

我不是營養師,也不是健身教練,是一位以「飲食」為職業的料理家。「吃吃喝喝」是我必要的工作,也因為如此「吃喝」與「減肥」在我的生活中總是更迭交替,像白天與黑夜無盡循環。

十幾年來,我失控的體重像調高跑速的跑步機,肥胖是高強度跑速,想要減肥必須比它更快!追不上的話,只會從跑步機上後退、然後跌倒,之後再戰一次、依舊跌倒!至少超過二十年的時間,我跟那台跑步機互相較勁,看誰比較快?

後來，我領悟到，把追趕跑速的想法丟掉吧！按照自己的目標，或能夠完成的速度跑步就好。目標就在那兒，累了的話，走路走一段也可以，不要來規定我的配速、不要強求我的心臟，它跳動太快不舒服時又或者喘不過氣時，就慢慢地往目標走過去，甚至可以中途停下來喝杯水，然後再繼續跑步。

吃得少，更應該吃得好

過去二十年，我跟許多肥胖的人一樣，始終處在稍微瘦一點時、再發胖的循環，許多減肥的方法包括：無碳飲食、低碳、斷食、喝代餐等等，你都試過了嗎？我都試過了。

後來，我想，料理家工作無法長期挑挑揀揀特定食材，那麼「吃得少」對我來說是最能適應的方式，嚴格減肥的兩年期間，剛開始的一年半，我只是靠「少吃」就瘦了 20 公斤，碰到該試吃的料理、無法避開的精緻澱粉或食材雷區時，還是要吃，只是少吃。

我也會想，如果人生的食物容量是有限的，那麼在這有限

作者序

之中，我會想吃好吃的料理，吃了之後心情會好的料理，心情好就能帶著陽光面對所有的困難！

這本書，記錄我這兩年的飲食方式、料理方法與生活的調整，這不是「速成」減肥指南，是一個讓你重新認識飲食、重建與身體關係的開始，如果你正卡在減肥的某一段低谷，希望這本書能陪伴你，讓你相信自己可以做到。

「減肥」不是靠高壓逼迫自己，而是以自己身體能接受的方式照顧自己，如果瘦了，那就贏了，如果因為瘦身而更健康，那麼在人生這一條路上，會更有餘裕可以欣賞一路的風景。

現在，讓我們從一份好吃的料理，開始！

Joyce Kuo

006　　　作者序：從一道好吃的料理，開始瘦身

Chapter 1
肆意放縱的代價是很高的

016　　　身為「料理家」的職業傷害：胖
024　　　疫情之中，不受控的人生與體重

Chapter 2
鏡中的自己讓我不得不覺醒，開始改變

032　　　不只是胖，還胖出健康問題
038　　　減肥餐必須要簡單、美味又好看
048　　　我的「瘦身特選食材」
054　　　打針、飲控之後，加入運動
062　　　減肥的大魔王：停滯期
070　　　讓減肥成為生活
076　　　不只是減肥，是身心的全面蛻變

Chapter 3
身為料理家,減肥也要吃得很開心

日式

082	日式番茄玉米筍沙拉
084	柚子牛肉沙拉
086	日式漢堡排
090	和風豆腐雞肉餅
092	和風雞排
094	日式白蘿蔔雞翅煮物
096	小松菜與油豆腐煮物
098	油菜花厚燒豆腐煮物
100	日式豆腐醬拌蔬菜
104	厚燒油豆腐拌蔬菜醬
106	豆腐茶碗蒸
108	香草溏心蛋
110	日式豬肉味噌湯

韓式

114	透抽雞肉泡菜沙拉
118	韓式烤肉與生菜
120	韓式海苔飯捲
124	韓式燉煮豆腐
126	韓式涼拌酸辣菠菜
128	韓式辣拌牡蠣
130	韓式牛小排白蘿蔔湯
134	韓式大醬湯

西式

136	炙烤杏鮑菇排沙拉
138	甜菜香橙沙拉
140	尼斯沙拉
142	酪梨鮮蝦沙拉
144	烤雞胸肉橘子沙拉
146	夏威夷生魚飯
148	煙燻鮭魚酪梨開放三明治
150	酪梨開放三明治
152	鮭魚排與蔬菜沙拉
154	法式紙包海鮮
156	魚排佐白酒醬汁
158	牛排佐時蔬
160	西式烤蔬菜
164	香煎蘑菇
166	隔夜燕麥

家常

168	鮮蝦絲瓜麵線
170	高麗菜捲
172	破布子滷虱目魚肚
174	銀芽肉絲拌芝麻醋醬
176	肉燥蒸蛋
178	醬拌皇宮菜嫩芽
180	滴雞精魚湯
182	冬菜嘴巴肉冬粉湯
184	苦瓜排骨湯
186	薑絲魚湯

Chapter 1
肆意放縱的代價是很高的

料理家的使命,
是負責任地嘗遍各種美食。
但職業傷害卻是⋯⋯
不斷飆升的體重!

身為「料理家」的職業傷害：胖

> 直到意識到「太胖了」的時候，已經胖了超過十公斤！

成為料理家後，就因為飲食工作的關係，一年比一年胖，剛開始發胖時，大概是一年增加兩公斤的速度，所以不甚在意。

我專注在工作的時間很多，為了更舒適，穿著也都是以寬鬆版型的衣服為主，加上非常投入料理工作以及鴕鳥心態作祟，那時的我不照全身鏡、也不量體重（其實是害怕量體重！）感覺上，肥胖是無意識狀態之下發生的，但其實也是自己的心態造成的。

等意識到「太胖了」的時候,已經胖了超過十公斤!

接下來的幾年,體重一樣照著一年兩公斤的速度往上加,大部分時候我會有放棄控制體重的想法,心想:「這是我的工作呀!」「我的工作就是跟『吃』有關係啊!」「身為料理家,應該要嘗試每一種食材、吃每一種料理!」

我的內心一直對自己喊話:「愛你的人不會計較你的身材!」「關心你的朋友應該只在意內涵而不是外表。」「雖然有點胖,但健康就好!」許多魔性的聲音充斥在各種奔向食物的路上。

不過,確實是啊!身為「料理家」的工作,真的是有職業傷害!

記得當年為了去韓國學料理,第一天到達首爾的廣藏市場時,當時食量不大的我,真的是吃到快要吐了,還是勉強自己要努力品嘗各種食物的味道!

吃！就是我的工作

那一天，抵達首爾、放好行李，整頓好的我，踱步到廣藏市場，在市場外時，我的心情很亢奮：「哇～～等等一定要盡量吃！」我為自己加油打氣！

進入市場的街道上，有棉被店、生活用品店……我有點被「棉被」吸引，因為網路上說，韓國棉被有多舒服、多暖和，喜愛寢具用品的我，還故意略過不看，跟自己說：「今天先調查食材與料理吧！」我是來工作的！我的工作就是「吃」！

進入廣藏市場，我的視線首先注意到小菜店。各種泡菜、小菜在發熱的黃色燈光下，讓人大流口水，但是要先忍住不買，因為接下來的幾天都會在韓國媽媽家做菜。沒想到光是走在路上，我的眼睛就已經被餵飽了。

接著進入廣藏市場的中心，第一眼看到的是綠豆煎餅，觀看一會兒，買了一份，到旁邊先吃了一片，好讓自己心中對煎餅的味道有個印象，再去買另一家煎餅。提著兩袋煎餅，我去吃了拌飯，用英文跟「手語」，請阿珠媽把飯量減一半。當看

著阿珠媽把各種蔬菜堆在飯上面，最後加一勺拌飯醬時，「哎～這也太好吃了！」我的心吶喊著。接下來還有海苔飯捲、章魚、果汁等各種小吃，我盡其所能，盡量品嘗各種韓國美食。

拎著兩盒綠豆煎餅，要回飯店的途中，又再次在路上看到同一攤血腸，我實在太飽了！但是怎能不吃血腸！！觀望很久，看打扮入時的韓國美女，絲毫不在意地坐在小板凳上吃血腸，我心想著：「一定很好吃才會這樣！」終於下定決心，吃！

當時已經接近晚餐時間了，人很多的道路開始有點擠，我一看到一張小板凳空出來，馬上坐下！背著背包、掛著相機、手上還拎著三袋食物的我，非常侷促地坐在板凳上，一邊用手指著別人的餐點，和阿珠媽眼神示意，要同樣的一盤。

只見她熟練地捏捏血腸，拿出其中一段切了起來，還有其他蒸過或水煮的豬內臟，每個部位都切了一點放到盤上，盤邊放一小撮粉紅岩鹽⋯⋯但是我真的好撐啊！對美食的期待感已經完全消失，最後我每一種都只吃了一口，面對滿滿一盤食物，深深地嘆了一口氣，剩下這麼多真的很不好意思。

我鼓起勇氣站起來將要轉身之際，阿珠媽拉了我的衣角說著話，我想大概就是「還剩很多！」接著她擺了擺手，快速地打包好我沒吃完的東西，然後交到我手上，於是我手上又多了一袋。當天一直到隔天早上，我都未曾進食，實則也真的吃不下了。

　　隔天一早，我吃了阿珠媽堅持要打包給我的血腸與豬內臟，「真好吃啊！」原來肚子餓的時候，血腸是這樣的滋味啊！

慢慢被自己養大的食量

　　回台灣的前一晚，我又去了一次廣藏市場，買一些小菜，順便在各條小路探險，突然發現了一家生牛肉，雖然已經吃飽了，我還是逼著自己一定要吃吃看。

　　看菜單時，除了生牛肉，也有生牛肝。其實，我不敢吃生的內臟，但抵不住身為「料理家的使命」，我便各點一份，這是我印象很深刻的一餐，因為不敢吃卻又逼自己吃，而且其實我的胃當時實在沒有任何空間了，但我想，總是要了解韓國的

Chapter 1
肆意放縱的代價是很高的

味道，不要錯過！最後，生牛肉勉強吃了幾口，生牛肝則是吃了一口後，就無法前進了，悵悵然地付了錢，告誡自己不要再浪費了！

韓國廣藏市場這樣的故事，在我成為料理家的頭十年，常常上演著，為了了解食材與料理，經常不顧腸胃的抗議，也不顧大腦對身體下的指令，逼自己吃下美食，因此除了長期的腸胃消化不良之外，這樣的試吃讓我的胃袋愈來愈大，我的食量也漸漸地加大了！

食量愈來愈大、長期沒有運動、經常久坐，這樣當然會變胖！然而，一個人在這樣的氛圍環境愈久，便愈沒有自覺，就算有自覺，也因為生活習慣與工作型態而難以改變。

這是我第一階段的變胖過程，原以為這樣就算嚴重了，沒想到，我還有第二階段，因放棄自己而繼續胖的時光。

Chapter 1
肆意放縱的代價是很高的

疫情之中，不受控的人生與體重

> 肆無忌憚地讓食物安慰我，畢竟我是料理家啊！

肆意放縱的代價是很高的

　　新冠疫情如火如荼的那兩年，母親因病離開，自己也處在經歷手術與承受著各種壓力的時光，加上各種防疫措施，讓我很多時候不必面對他人眼光及詢問，多數時間都「自我隔離」，卻隔離不了直線上升的體重。

　　2018年秋天，母親確診肺腺癌。接下來的日子，全家在不安定的歲月中過生活。我們到台北榮總就醫，她很努力！她相信只要好好地治療，就可以好轉；我的日文老師也跟我說起她父親罹癌治療的過程，於是那一年，我們也跨海到日本求醫，每一關，全家都陪著她。

　　我跟母親說病情時，不用「末期」兩字，她問的話便說「第四期」，跟「末期」兩字相比，感覺有一點希望，是啊！就是「感覺」，很多時候，我們嘴上說著：「我覺得⋯⋯」心裡所認定的不就是「感覺」嗎？那一陣子「我覺得」媽媽似乎會好起來！

　　媽媽罹癌後，我連續開刀兩次。本來是她會到台北照顧我，但突然之間，她生病了。雖然醫師叮囑著是開大刀的我，要在醫院多住兩天，但因為家人忙碌，我只能急匆匆地出院，回家自己休養。

我一個人照顧自己，剛開始的幾天，疼痛難耐，連如廁都變成很痛苦的移動。加上心裡不希望料理教室停止活動太久，休息沒多久就復工，因為太快回到工作上，又提重物，造成腹腔內的傷口撕裂，導致才開完刀兩個多月，我又要再動一次刀。

連續兩次開刀時間相隔很短，加上一個人包辦料理教室工作、一個人生活照顧開刀後的自己，讓我元氣大傷，身體總是處在很弱的狀態，動不動就疲累異常，腹腔內的疤痕沾黏，更導致消化不良、容易脹氣，成為一生的後遺症。

只有食物能給我安慰

還記得第二次手術前一晚，父母親來到醫院，她說：「你要照顧好自己，我們都沒有辦法、沒有人可以過來照顧你。」那段時間，我真的沒有好好照顧自己。

尤其是媽媽離開之後，我變成一個非常沒有安全感的人，常常自己嚇自己，以往每件事都勇往直前的我，變得畏首畏尾，擔心許多事情，自信心突然不見了！那種每做一件事就很有氣

肆意放縱的代價是很高的

勢的形象,一下子變得渺小、低微,有如塵埃。我經常茫茫然地過日子,心思無法專心在工作上。

當疫情開始變得嚴重,整座城市停止活動的時候,我反而安心,因為可以正大光明躲在家中、不需要見任何人、不需要面對外面的世界,我把自己關起來,沉浸在自己的內心活動中。

因為疫情關在家的日子,減少了許多活動的每一天,一個人的生活加上封閉的環境,我愈發地只想躲在自己的空間中,在這個安全範圍內,沒有人管我、不會聽到叨念、不需承受別人給的壓力,更不用看人的眼色。

其實,那時候我已經生病了,也許是憂鬱症、也許是更年期障礙、或者是自律神經失調(這兩年看醫師時,醫師的判斷是這三種也許都有,也許有其中兩種。),但我自己並沒有警覺,不論是白天抑或夜晚,我肆無忌憚地讓食物安慰我,也常常給自己藉口,我是料理家啊!

每一種食物,我當然都要知道味道,甚至某一道菜,我可以一星期每天都點不同的餐廳外賣,互相比較同一道料理的優

缺點；追劇可以讓我不用想母親的事，半夜不睡覺、盯著電視、窩在沙發上吃零食，作息時間沒有規律，什麼時候想吃就吃，從來不管那是不是晚上十點或是凌晨兩點，亂吃各種不健康的食物、也在任何時間亂吃。除了亂吃，我四體也不勤，非常討厭「動一下」，動不動就半躺在沙發上。

料理課以外的我過著這樣的生活，作息紊亂、隨時吃零食。尤其是零食，只要坐在沙發上，所有的零食都放在伸手可及的範圍內，不管任何高脂、高油、高熱量的食物，只要可以安慰我的心，任何食物都可以，這樣沒有目標的生活慢慢地侵蝕我，在各方面毀壞我！

這樣的生活過了兩年，本來就已經發胖的我，這時候更胖了。

斷食減肥，大失敗

有一天，我意識到，真的太胖了，所有的褲子都穿不下，每天只能穿寬鬆的洋裝或家居服，曾有一段時間，我試著進行 168 斷食法，可是沒想到，執行兩星期之後，體重不但沒降還反升。

Chapter 1
肆意放縱的代價是很高的

　　我生氣了！168不行，那就204！二十小時斷食，只有四小時可吃飯，過了三天的204，體重依然紋風不動。我賭氣，接下來的兩天，四十八小時斷食，然而體重只有下降0.5公斤。

　　這時的我灰心了，沮喪的時間很長，每天都陷在「要吃什麼食物？」「什麼時候吃？」這些問題。

　　「不管了！我還是想吃就吃吧！」就這樣，我進入不量體重，想吃什麼就吃什麼，半夜要吃宵夜也可以，任何食物都在清單內的生活。炸雞好吃就多吃，想吃炸薯條？沒有問題！妳不寵自己，誰寵妳？心情抑鬱、壓力巨大，高油、重鹹美味的食物都可以安慰我！

　　不按時間地亂吃之外，我的食量也大到讓自己訝異，十幾年來的料理品嘗讓我在吃飽後、又繼續為了味道調整、一再地繼續進食，我的胃口變得很大，有時才吃完正餐，過不久，就又想著吃各種甜食，我的胃變成一個深淵，如果不投進食物，心情就不快樂。

　　過著這種生活的我，家庭聚會經常不想去，我知道大家會叨唸我的外型，這樣的日子過了兩年；最後一次量體重，當我看到嬌小的我體重來到新高的78公斤時，就再也不想面對，從此都沒量過體重。

029

Chapter 2

鏡中的自己
讓我不得不覺醒,
開始改變

「減肥」這件事，
只要有耐心、充滿意志力，
你的努力就會得到回報。

不只是胖，還胖出健康問題

> 我難過地看著鏡中的自己，
> 「啊！真的不能再這樣下去了！」

2022 年的年初，胖到連走一小段路都很累的我，終於覺醒了！不想再這樣過日子了！

我從哀悼期中跳出來看著自己，厭惡地看著所有寬鬆的衣服，受不了再穿這些衣服了，每天出門前，光是選衣服就是一件痛苦的事！一整間更衣室居然只有幾件適合自己身材的服飾；我也變得不愛出門，不想看到久久沒見到我的友人，那第一眼的訝異。

Chapter 2
鏡中的自己讓我不得不覺醒，開始改變

除此之外，每一天對我來說都是陰天，因為每天雙腳總是水腫，許多鞋子無法穿了！因為負荷著重量的身體經常痠痛，那時偶爾還去按摩推拿，腳部的水腫在每次按摩時，都痛不欲生！爬樓梯時，尤其覺得步伐沉重，在廚房工作難免有刀傷或燙傷，只要受傷，似乎比以往需要更長的修復時間。這些讓我警覺到，我不止發胖，更有可能因為肥胖，讓身體處在慢性發炎中，「啊！真的不能再這樣下去了！」我在心裡大喊著。

終於站在鏡子前面對自己

某一天的夜晚，我難過地看著鏡中的自己，在此之前，我好久都不敢照鏡子，尤其是全身鏡！我嚴厲地逼自己照全身鏡，良久後告訴自己，一定要減肥啊！

剛好此時，聽到大提琴老師說起她的一位學生減肥成功。透過老師，我詢問在大提琴班上課的一位大哥，因為他看的醫師門診，減肥頗有成效。

大哥在訊息中告訴我，到國泰醫院的內分泌科看診，醫師

開「減肥針」給他，當時所謂的「瘦瘦針」還不算流行，不過，他打針三個月後，瘦了 8 公斤！大哥熱心地介紹醫師給我，據說非常難約的門診，沒想到我約到了！

我依約去了醫院，醫師很嚴謹，要先驗血、看所有的檢測數字，再回診看報告時。兩個星期後，醫師針對我的血檢報告，終於開了「減肥針」給我，劑量嚴格規定，每一週打一次，一次只有 0.5 毫克。我很狐疑，這樣少的劑量、而且一週只打一次，有用嗎？

2022 年年初，剛開始打針時，我並沒有信心可以瘦下來，那是減肥針才剛開始被大眾認識的時期，當時只有一種針可以打，是 Ozempic（Semaglutide）被稱為胰妥讚的減肥針，目前多數人使用的膳纖達（Saxenda）當時尚未上市，打針開始的第二週，已經感覺食欲沒那麼旺盛了，當然肚子還是會餓，不過吃下的份量變小了，很快就有飽足感，而飽足感維持的時間也長。

這個階段開始，根據我的工作時間表，一半自己煮食、一半時間吃外賣食物。2022 年上半年，也就剛開始減肥的第一個半年，我尚未制定特定的減肥菜單，這時期還處在想吃什麼、就吃什麼，只不過吃的份量比以前小。頭半年，體重是慢慢掉

的，一個月大概 1.5 公斤左右的數字降下，不算很快，因為我的食物清單中還是有高油、高糖和高鹽的料理。

奪回「食欲主權」，感覺真好

半前過去了，發現體重慢慢地掉，我才開始對減肥針有信心，許多人使用減肥針有副作用，如頭暈、腹脹、或甚至食欲雖降，但是體重下降很少，但我並沒有出現任何副作用，這種食量變小的方式，對我來說是自然而然的，沒有任何不舒服，也沒有因為不吃食物而體力不濟、頭昏腦脹。

打減肥針之前，我的減肥方式傾向「斷食」，我的身體反應對於斷食不會出現不適，就算是斷食超過二十四小時，身體依然有力氣做很多事，只要我的食欲沒有被「打開」，其實就能減肥成功。

以往的我，當長時間進入斷食狀態、且維持空肚子的狀態也不會不舒服，但是，工作需要試吃時，只要吃了一口，那條抑制食欲的線就馬上斷了，因為那一口，我就會開始大吃，斷食的努力不但白費，還硬生生地再增加體重，這種反覆，一直

輪迴上演！

　　在開始打「減肥針」之後，對我最大最大的幫助就是，我不會在一天只吃一餐、保持七、八分飽時，因為試吃而突然失控，這時的我「試吃」就真的是試吃，只吃一口或兩口來確定料理的味道，然後可以從容地停下，不再像以前一樣把所有的試吃料理一掃而空，所以當你的胃袋變小、胃口不那麼大，對食欲便有強大的控制力了！

　　能掌握自己的食欲，把「食欲主權」奪回來由自己控制，不是任由食欲控制自己，控制的主權變了，才有辦法控制自己的身體與體重。

　　我很了解所有胖胖姐妹的心情，我就曾經這樣胖。我了解我們在某些情緒之下，對食物的依賴，有很多時候我們在吃完食物時，心情不但沒有變好，還增加了罪惡感！外出的心情、買寬鬆衣服的心情、別人看待我們的眼神等等，這些，我都感同身受，如果要改變，只有把「食欲主權」拿回自己手上，由自己控制食欲，才能變成最大贏家。

減肥餐必須要簡單、美味又好看

> 我要我的瘦身料理，美麗、健康、好吃又簡便！

半年過去之後，雖然食量變小了，但發現體重下降開始變慢，而這時期的我，胃袋已經變小，可以號稱「小鳥胃」了！

上料理課時，固定喝一杯拿鐵，這時候，一杯拿鐵咖啡可以讓我從早上工作到下午四、五點，才會開始有飢餓感，第七、八個月開始，因為體重下降變慢，於是我開始改變自己的飲食習慣跟料理內容。

就如同前面我所說的，因為已經可以控制自己的食欲了，

所以我開始執行讓自己只吃七、八分飽即停下進食，而我的那份所謂吃七、八分飽的餐點，是刻意控制澱粉、油脂、糖量的料理，除此之外，也務求健康的烹調方法，水煮、清燙、蒸煮、烘烤等等，若遇到需要煎、炒的烹飪法，把鍋具換成不沾鍋，就可以使用很少的油來烹調，需要大量的糖的料理，如糖醋排骨，在這時期盡量避開，如果無法避開，就盡量少吃！

料理的方法控制在最簡單方便的範圍，不複雜的調理法才會讓自己做健康料理的這條路，走得長遠！

於我而言，除了料理課的料理教學無法按照健康餐的標準，其他平日的飲食，直接換成健康餐。一點也不痛苦，因為，我自己做的健康餐「很美味」而且「很簡單就能完成」！

畢竟，我是料理家，就算是減肥餐，我都要我的料理美麗、健康、好吃又簡便！這時期開始注意所吃進去的熱量與特別控制份量時，接下來的七、八個月，我的體重以一個月瘦 2~3 公斤的速度下降，每個月都有進展，是一段讓人對生活開始有盼望的開端。

Chapter 2
鏡中的自己讓我不得不覺醒,開始改變

零食是減肥大敵人

說起自己的健康餐,其實不需要特別「發明」減肥餐,我只是依照平日的生活步調,常去的市場攤販也沒有變,第一年最主要的是不吃澱粉、甜點與零食,大概只有戒零食這件事對我來說是比較痛苦的,我實在非常喜歡吃零食,各種甜的、鹹的零食都喜歡,常常把零食當 Buffet,無限制地吃到飽,可吃完零食後,我還是想吃肉,就是所謂的正餐,零食加上正餐,體重當然飆高,實在不能怪任何人啊!

「零食」可以說是我減肥的最大敵人！請檢查一下你平日都吃些什麼，記錄一個星期後，也許從中可以發現很多增胖食物呢！

　　除此之外，我的作息很不健康！因為長年寫書而變成夜貓子，「熬夜」是大家口中「健康減肥」的殺手之一，幾乎所有的健康減肥方法都明令不要熬夜，身體機能的紊亂會讓減肥失敗，也許我的身體已經適應了夜貓子生活，所以在這兩年的減肥期中，還是「規律地過著夜貓子」生活，不過，我還是希望自己的作息可以正常，這是我下一個想要做到的目標。

微餓生活，竟然好處多多

　　開始減肥半年期間，從食量減少的時候開始，在第七、八個月時，就開始注意不要只靠減肥針！吃到七、八分飽的時候，要求自己停下，雖然還吃得下，但開始有意識地讓自己保持在不吃飽，身體處在一種「微餓」的狀態，也許是因為「減肥針」的關係、抑或是減肥針帶給我的心理支撐效果，所以可以由自己控制食欲，當我處在微餓狀態時，沒有不舒服、也不會特別

Chapter 2
鏡中的自己讓我不得不覺醒,開始改變

想要再吃，可以隨自己心意停下食欲的索求，讓我覺得很安心、沒有壓力。

當我習慣且經常保持微餓的身體狀態時，反而精神變好了，食欲也不會忽大忽小，這時候的我，每天的用餐時間都差不多，因為長年在半夜寫東西或做雜事，所以夜貓子的我，維持在中午左右醒來，剛醒的時候，先喝兩杯水、搭配該吃的維他命、身心科醫師開的藥、膠原蛋白，光這些我總覺得我已經先被餵得半飽了。

稍微做一些事後，空腹去運動，大約在下午四～五點，我才吃一天中唯一的一餐，因為作息不正常、運動量不大，所以我可以保持一天只吃這一餐，在 2022 年至 2023 年兩年的減肥期中，前面的一年半幾乎不吃澱粉，如果因為料理家的試吃工作必要吃，那麼只嚐一口就可以了。

晚餐幾點吃很重要

對於正常作息的人來說（是啊！我也曾經有過正常作息的

生活！），古人說的過午不食是最養生的方式，我曾經試過，非常有效！但也需要強大的意志力才能做到，加上現代的生活，我們不是日落而息了，說不定反而夜間的生活比白天更精彩，過午不食變得有點不切實際。

對有著正常作息的人來說，只要在晚上六點前吃完晚餐就可以了！

這源於我每年兩次都要帶學生去日本京都上料理課，這兩年嚴格減肥期的日本上課時，我作息必須正常、不能當夜貓子。

早餐時，我通常跟翻譯老師一邊討論工作、一邊吃早餐，在京都的早餐通常是一杯拿鐵咖啡外加一份可頌，然後帶著學生上料理課，是必定要吃午餐的，而且是豐富的午餐，我是料理老師，所有的料理都一定要品嘗，這時期的我，澱粉只吃少量，吃比較多的還是蔬菜與肉類。

到了晚餐時間，也常遇到學生要約我一起吃飯，我會強調，下午五點吃晚餐吧！我想在晚上六點前吃完，這頓晚餐一定不可以有澱粉，尤其是精緻澱粉絕對不要碰。這是對想跟我吃晚

餐的人所提出的要求。

除了三餐時間上的要求,這時期也因為能控制食欲,所以不會讓自己像以前一樣,內心出現、嘴巴嚷嚷著「吃得好飽!」「吃得好撐!」的情況。想要跟你一起聚餐的朋友,請讓他們了解你對吃飯時間、飲食控制的要求,如果是你的真正朋友,他們會為你著想,會在你減肥時期支持你這樣做,甚或跟著你一起這樣做,當然了,愛你的家人如果了解你對減肥的決心,也一定會支持你的。

兩年的減肥期,雖然不是二十四小時都維持在微餓狀態,但是有一件值得記錄的事。在晚上六點前吃完當天的餐點之後,可以的話當然不要再吃,若是真得很餓、很想吃,可以參考「減肥專用零食」的段落。

不過,這兩年的經驗讓我發現,只要入睡前覺得肚子好餓啊!通常隔天起床量體重都會下降,有時候沒有特別的聚餐、也正常地按時間吃飯,若入睡前保持「我餓了」,但沒有吃那些填肚子的健康零食,這樣過至少十天,這十天的體重會下降較多。

Chapter 2
鏡中的自己讓我不得不覺醒，開始改變

　　若是減肥初期，體重下降得很快，減肥後期，速度無法像剛開始那麼快了，但是保持入睡時的微餓幾天時間，總是會讓停滯的體重再次往下掉！所以後來兩年減肥期過了之後，體重回升到 48 公斤時，也曾碰到幾次體重稍微回升，這時候一定要有警覺性，除了一週斷食一天，其它幾天會實行下午五點前吃完餐點，維持飢餓感入睡，這樣體重馬上就會再度減回想要的公斤數！

　　身體長期處在「微餓」狀態時，一定要注意水分的補充，一天超過 2000cc 的水量，微餓與多喝水使我的皮膚跟精神都變好了，胃口更是變了，雖然因為「減肥針」讓我的食量變小，但我還是保持吃七、八分飽，除了可以自主控制食欲之外，最主要的目的是怕日後停止打瘦瘦針而再度發胖，在打針的時期，就把胃口與食量控制在七分飽，而且讓身體適應這樣的感覺，才能在日後不打針的日子，長久地堅持下去。

我的「瘦身特選食材」

> 不喜歡雞胸肉，可以吃去皮的雞腿！

　　成為一位「料理家」已經超過十五年了，我的料理課有一個重點，是每一輪課程都會強調食材特色，有的食材大家不認識、有些食材很稀少、也有使用貴重食材的時候，「食材」與「調味」是我在料理課特別著重的部分。

　　已經有了好的、正確的食材，那麼「調味」這件事不許馬虎，有時候只是一小匙的糖，就會讓所有食材的味道跳出來，有時只是把食材浸泡在調味高湯中，也會讓平淡無奇的食材擁

有好風味!

在兩年嚴格的減肥期中,我的重點食材放在肉類、海鮮、豆腐、菌菇類、蔬菜、雞蛋等等。

關於肉類,要小心不要長期只吃紅肉類。猶記當時,每個月我還是需要回到醫院內分泌科看門診,每個月一次的驗血報告,讓醫師判斷目前的身體狀況。曾經有一次檢查報告,膽固醇突然飆高,醫師問我是不是一直吃牛肉跟豬肉,當時確實是這樣的,沒想到在驗血報告中馬上表現出來。醫師要我更換食材,多吃雞肉與魚肉的白肉類,先暫停或少吃紅肉類,果然,再回診時的報告明顯出現了差異。

所以雖然已經限制了該吃的食材,還是需要經常更換、平衡每一餐的料理內容!

對所有減重、減肥的人來說,「雞胸肉」一直是被大家追捧的食材,可是,我卻非常不喜歡。我可以把雞胸肉做到嫩口不柴,保留著散發風味的肉汁,即便會這樣烹調,我還是不愛雞胸肉!

這真是沒辦法更改的喜好，就像我上料理課時，有的學生無論如何，就是有某些食材不吃，我覺得沒有關係啊！不吃就不要勉強。

「吃」應當是一件快樂的事，如果為了減肥、減重，逼自己吃討厭的食材，一定不能持久努力，而且說不定因為太討厭或厭倦，某天理智線斷了的時候，開始亂吃，那實在得不償失，枉費了前一段時間的努力！

在正確的食材中，選擇自己喜歡的食物、用對的烹調方式、加上得當的調味，你自己的健康料理一定秀色可餐！對於吃雞胸肉這件事，我常常把料理中的雞胸肉改成雞腿肉，只不過需要多一個步驟：「去皮」。

雞皮是油脂很高的部分，不是只有雞腿肉去皮，當我把食材換成豬肉或牛肉時，也都只選瘦肉，不要使用油花遍布的豬肉或牛肉。沒錯！有油花的紅肉真的很好吃，真忍不住時，偶爾吃少量還是可以的。

千萬要小心水果的糖分陷阱

我們住在台灣有一件很幸福的事,就是台灣有許多好吃的水果,但請注意,台灣的水果種得太好了!很多好吃的水果,甜度都很高,所以雖然我的減肥料理中有水果沙拉,但對我來說,吃水果或是水果沙拉都是偶一為之,除非確定你所吃的水果熱量跟甜度都不高,不然請減少吃水果的份量。

鑑於甜度要有限食用,「手搖飲」、「甜點」也只能遠離你的生活,兩年的嚴格減肥期中,前一年半,我沒碰過手搖飲,甜點倒是會在中秋節吃幾顆蛋黃酥解饞,但是,無論如何,不可過量!

調味,讓減肥不必放棄美味

除了選對食材,就像我說的,「調味」對我來說是很重要的一件事,這是讓料理美味的關鍵!

基於我是容易水腫的體質,所以對鹽分的要求必須講究,

不能太多！清淡的鹹味不是每個人都接受的，但如果減肥只著重在「飲食」的部分，那麼鹽分、油脂與糖必定要斤斤計較。

關於使用鹽而產生鹹味的部分，你可以善用海鮮的鮮味，俗稱的「Umami」，可以「騙」過舌頭，比如說，煮蛤蜊湯時，我不太放鹽巴或者放很少，因為湯頭很鮮美也有微鹹味了！

燙各種肉片時，所沾的調味料是以「醋」為主的，醋的酸也可以欺騙舌頭！除了鮮味、酸味、番茄醬汁也可以稍微騙一下舌頭，比如說烤魚的表面淋一層番茄醬汁，即便放很少量的鹽，味道還是可以到位的！

如果一定需要用到「鹹味」，較健康的選擇是鹽麴，這是日本古代的調味料，初次認識鹽麴是 2012 年時，當時的日本正流行使用鹽麴。鹽麴是米麴加上鹽巴與少許冷開水製作，在發酵過程中，只要放在冰箱中保存就會慢慢變成鹽麴，含有大量的酵素，這些米麴所產生的酵素，可以幫助分解消化吃進人體的澱粉、蛋白質與脂肪。現在的進口超市與網路都非常容易買到鹽麴。

鏡中的自己讓我不得不覺醒,開始改變

　　身為「料理家」,除了試做課程內容的所有菜單,反覆調整味道是我在廚房的主要工作,但是在這份工作之外,做自己的料理時,我依舊不放棄「美味」這件事,不能因為這是「減肥餐」而只注意份量、熱量,我想要吃調味豐富、美觀好看、味覺跟心情都能感受到開心的減肥料理。

　　想到許多減肥的朋友吃著很柴的雞胸肉,會讓我食不下嚥,年輕時也煮過流行的「巫婆湯」,其實就是蔬菜為主的湯,一週七天都喝巫婆湯,喝兩週之後就無法繼續了,我不想要每天都吃重複的食物啊!一直吃重複的食物或寡淡的料理,會讓我心情不好。

　　誰說減肥就要放棄美食呢?!自己捲袖動手,把減肥料理做得好吃,才能讓這一條路走得順利又長久。

打針、飲控之後,加入運動

> 因為教室「漂亮」又離家近,所以我開始運動了!

　　兩年的減肥過程中,「減肥針」所扮演的角色是幫助我控制食慾,與不會發生試吃之後的失控進食,但為了以後不要依賴減肥針,在打了一年以後,我開始不按照醫囑的一星期一次打針,慢慢地調整頻率,先是十天打一次、兩週打一次,然後三週打一次,最後漸進到一個月打一次,第二年的減肥期,是我開始進入不要依賴瘦瘦針的時期。

　　當時已經不需要每週看診,大概是一個月去一次即可,倒

Chapter 2
鏡中的自己讓我不得不覺醒,開始改變

數第二次看診時，我多買了兩支瘦瘦針，慢慢地進入減少打針的日子，減肥到第二年年初時，我大概瘦到約 54 公斤，這表示第一年的減肥期，我瘦了大約 18~20 公斤，也大約是這時候，我改成兩週打一次 0.5 毫克的瘦瘦針。

也是 2023 年初，我的身體開始出現贅皮，這也是大多數過度肥胖的人在減肥後會出現的問題，對於這些贅皮，我是很無奈的，因為我已經不年輕了，皮膚不如年輕時快速減肥之後，還維持很好的彈性與緊實。

為了贅皮的問題還去看過醫美，但因為減肥前的兩次開刀，讓我對「開刀」這件事極害怕，除了心理上無法接受「開刀」，我的身體體質也因為疤痕增生問題，能不開刀就不開刀。於是兩年的減肥期，在第十五個月開始加入運動。

一開始的運動是空中瑜伽，遇到並且加入空瑜，真的是因緣際會！

我本身是一個非常討厭運動的人，我不愛像跑步這樣會大量流汗的運動、不愛做完以後累得要死的運動等等，當我煩惱

Chapter 2
鏡中的自己讓我不得不覺醒，開始改變

該做什麼運動讓減肥後的身體變得緊實？在網路搜尋幾天後，看來看去，大概只有瑜伽跟游泳適合我，可我住的地方離游泳池有點距離，我太了解自己了！對於不愛運動的我來說，這一定會成為一個藉口，游泳後的清潔也讓我覺得麻煩，這也會成為藉口！

當我搜尋住處附近的瑜伽教室時，一間非常漂亮的教室吸引我的注意，是一間號稱全台最美的瑜伽教室。看著 IG 上，老師美麗的身影、柔軟的身段、高雅的動作，讓我想起小時候學芭蕾的那段時間，是的！就因為「漂亮」，所以我去了這間教室，雖然一開始是「漂亮」吸引我，但後來發現「漂亮的教室」只是讓我更喜歡到這個地方。

能讓我維持固定一直去做空中瑜伽是因為，第一，教室離家很近，我最不喜歡花很多時間在交通上，做任何事，我喜歡在住家附近方圓幾公里之內就可以完成的地方。第二，教室非常乾淨、沒有健身房那種無數人流汗的異味。啊！是的！我的嗅覺敏感，無法接受，就像夏天時，我無法在尖峰時間忍受車廂裡的異味。第三，教室分級嚴格，入門到高級班，可以讓我這個「高齡」人的心情壓力不是太大。

057

運動小白練空瑜上重訓

我是一個運動小白，除了學生時因為體育課才稍微運動，畢業後從來沒運動過的我，空中瑜伽對我來說，一切從零開始。

除了因為沒有運動習慣而無任何肌力之外，也因為腹部連續開刀兩次，後來我的生活習慣變成不太使用腹部發力，比如大家起床會直接腹部用力起身，我總是側身以手臂撐起身體，從椅子上起來也是，都以手臂撐起自己，沒想到這個開刀後多年的習慣，讓我的核心力量慢慢流失。

在日常生活中已經習慣不使用肚子發力，所以我完全沒有核心力量，空中瑜伽需要強大的核心，這對我來說很難，因為開刀又加上完全不運動，使用核心的空瑜剛開始讓我很害怕，也甚至不太知道怎麼用腹部發力。

老師讓我從入門班開始上課，一週一次的空瑜課上了幾次之後，發現沒有核心的自己很容易拖累同學，每次老師總要特別過來幫助我，我常常覺得困窘，也覺得浪費同學們的時間。

Chapter 2
鏡中的自己讓我不得不覺醒，開始改變

這時期，我會在家裡試著練習手的握力，手握力不夠的話，想緊緊抓住空中瑜伽的掛布是很吃力的，甚至會因為抓不住而導致危險，我買了握力器，坐著看電視都可以隨時練習，是很方便的訓練小物。

另外，因為要抓空瑜的掛布，手臂要更有力量，老師建議我在家用兩隻手掌抵著桌子邊緣，做類似伏地挺身的動作，我的年紀大，也開過刀，所以比起做地板的伏地挺身，手掌抓著桌子邊緣做伏地挺身，比較容易入門。慢慢地，我的手臂肌力與握力都進步了，可以在空中穩穩抓著掛布，但是核心不夠，還是無法順利完成在空中優美轉身、高雅地挺起身體等動作，實在是長年不使用腹部肌肉有關啊！

核心的問題讓我不得不面對，於是除了空中瑜伽之外，剛好學生介紹我一位重訓教練，是的！又是在住處附近！從2023年中開始，除了空中瑜伽，我每週也去做一次重訓。

一開始，我就跟教練說明：「我不想要練出大塊的肌肉，我只要核心夠強、四肢的肌力也足夠，這樣就可以了！」教練真是聰明，一聽這種要求，她說：「我知道，你只需要體雕與

肌力，不是壯碩！也不能是金剛芭比！」哎呀！真是對極了，就是這樣！我開始每週各一次的空瑜與重訓。

就在某一天，我到瑜伽教室時，老師見到我，覺得非常奇怪，「妳知道這是哪一堂課嗎？」「空瑜呀！」我隨性地回答著。「妳報錯了，這一堂是空中環！」看著我大驚的臉，老師要我安心，說著：「沒關係，我帶著妳做！」就這樣，一堂課，我就愛上了空環。

我的運動時間多排在下午一點至四點之間，運動結束後才會吃飯，我去做重訓、空瑜和空環時，都是空腹狀態，有吃東西做運動反而讓我身體極度不舒服，每個人的體質不同，不需要跟我一樣空腹做運動，這只是我的身體反應。

從 2023 年 5 月開始運動，到了同年九月時，我每週有三堂運動課程，空瑜、空環與重訓。這時期，每一個月，重訓教練都會幫我量體重與體脂，大約 2023 年 10 月時，我的體重約 45 公斤，體脂降到了 17%。

這時候，我已經滿足於自己的狀態，但是我也了解，不可

能一直都這樣過著嚴苛的減肥生活，也許日後會放鬆一點，當恢復正常飲食時，體重可能會回升一些，所以我會繼續減肥。

一直到 2023 年最後一天，看到體重機上的數字停在 43 公斤時，這一天，我很開心，這真是我人生中很重要的時刻，在我人生低谷時期時，居然成就了一件大事，減了 30 公斤啊！

減肥的大魔王：停滯期

> 我的停滯期非常久，久到我懷疑人生！

不論你要減重、減肥或減脂，什麼名詞都無所謂，反正幾乎都會碰上停滯期！我的停滯期非常久，久到我懷疑人生！

2022年年初開始減肥，到了當年 11 月左右，我的體重在 52~54 公斤之間擺盪，這期間長達七至八個月，真的是太長了，那樣的停滯期我甚至都開始運動了，我的生活型態沒有改變啊！還是規律的夜貓子生活，我的飲食也沒有改變啊！沒有吃零食、也沒有甜點，一樣保持著一天一餐的模式，為什麼體重不動如山啊！

Chapter 2
鏡中的自己讓我不得不覺醒,開始改變

30 公斤的距離

Chapter 2
鏡中的自己讓我不得不覺醒，開始改變

這時期我已經為了日後不要依靠減肥針，所以開始減少打針的次數，也許是這個原因，但是我的飲食並沒有因為打針次數減少而多吃食物。總之，體重就是擺盪著，剛開始停滯的三個月，我心中非常焦急，這還不是我的目標，我想要回到年輕時，大學畢業時的體重，我的那些美麗的衣服都還留著呢！我想要可以穿上當年那一條美麗的白色牛仔褲！！

停滯期過了三個月之後，我雖然還是天天量體重，但盡量不讓自己著急，我們一定要了解，這跟人生一樣，總是會有碰壁的時候，這時候，必定要給自己足夠的耐心，如果在停滯期放棄了，那麼前面所有的努力都白費了。

不管你的停滯期有多長，總之就是按照既定模式繼續做，或者再找出原來的努力之外加上新的東西，我加上的新東西就是「運動」。

雖然剛開始運動時，體重還是停滯不下，但是教練、瑜伽老師的鼓勵、身邊朋友的讚美與支持，這些都可以支撐你度過停滯期。

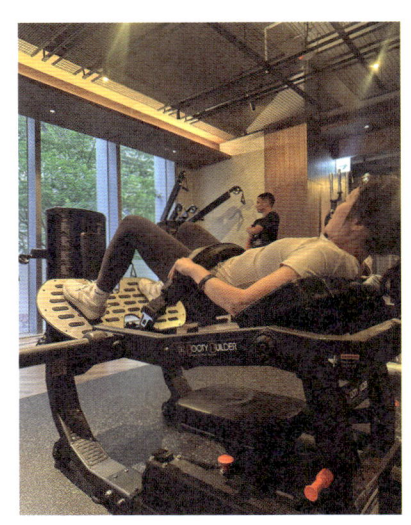

我的停滯期在七、八個月後，終於在 2023 年 7 月時鬆動，就那麼突然，剛開始鬆動一公斤，來到 51 公斤，然後再隔一星期，居然終於看到四字頭，49.8 公斤，當時的我都快哭了，我終於進入四字頭了啊！從這時期，我的體重開始慢慢地下降，下降的速度當然比不上第一年，但是這時期的慢速下降反而是更穩定地往目標前進。

那一段時間，我每天起床，都是帶著開心的心情量體重，看著體重每次從 100g、200g 地慢慢下降，是一種滿足又雀躍的心情，原來，我可以做到！

尤其那是我人生中面對母親離開、憂鬱症發作、更年期賀爾蒙混亂的時期，在這樣艱難的環境中，我靠著各種朋友的鼓勵、支持、即時自己處在低谷也生出意志力，來面對人生中相對困難的事！我真的開心，我做到了！

偶爾彈性的料理品嘗

我的嚴格減肥期總共花了兩年時間，2022 年的第一個月開始，直至 2023 年的最後一天；大約從 2023 年年中開始，會在飲食控制上，偶爾讓自己放鬆一下，例如，本來的料理課試做品嘗，只吃幾口確定味道，這時期開始，我會再多吃幾口。

雖然大多數時候還是遵循原來的飲食控制，但偶爾會在一個月中的一兩天，也許那天特別想要放鬆追劇、或者是那天教練量了體重與體脂，發現數字比標準更漂亮時，也有時候朋友邀約了宵夜場……這時候的我，會吃好久好久沒吃的麵包或甜點，甚至是幾口宵夜與一杯啤酒。人生還是需要有這樣的時刻，我個人覺得，如果一直過著嚴苛的飲食控制生活，實在是很辛苦，但這也是因人而異的，有的人也許能適應這樣的生活。

我雖然也可以適應這樣的生活，但是，我的「料理家」工作還是持續走在路上的，在最近一次帶學生去日本上料理課時，這一次，我放開自己，大口品嘗美味，在日本時同學說：「原來老師你吃很多美食耶！」

　　但實際上，我在出發日本的前兩天，就進入斷食狀態，出發前二天，我只吃很少的食物，出發前一天，幾乎沒吃，那天抵達大阪是晚餐時間，因為已經是晚餐了，又加上等朋友見面，所以等待時間去了咖啡廳，點了一杯拿鐵咖啡，含牛奶的飲料對我來說一向都有飽足感。

　　所以我真正開始「大吃」是到日本的第二天，但實際上，若要健康地斷食，恢復飲食時也要慢慢來，第二天，吃早午餐，與下午四點左右的「晚餐」，第三天才進入一天三餐的模式，第四天除了一天三餐、還外加甜點。

　　漸進式的飲食模式不算刻意，因為我的胃袋比以前小多了，所以主要是讓身體去適應接下來的美食轟炸。

　　從日本回台灣後，第一天開始減少食量，大概花三天的時

間讓自己減少食量到平日的模式,然後體重也會在這三天慢慢恢復正常,其實也就只是多了一公斤。但是不論你在假期中多了一公斤或三公斤,都要快速地面對問題,把自己調整回來,如果放任不管,也不拿回身體的主控權,體重就不會聽你的話,它會循著你澆灌給它的食物,長出來給你看!

彈性的美食品嘗沒有罪,我們也不要太失控,在美食期的前後,讓自己的身體恢復、並且調整它,你的體重才會在你的監控下步入正軌。

讓減肥成為生活

「減肥生活」對我來說,
將會是一件一生都會努力面對的事。

Chapter 2
鏡中的自己讓我不得不覺醒，開始改變

　　「減肥」這件事是這樣的！如果不夠努力、不夠持久，那便失敗了！

　　大概有十年的時間，我處在減到一半時，出現許多「吃」的機會，往往是已經堅持了一、兩週，略有成效時，便碰上出國、試吃、聚餐等各種機會，「減肥」總是在「今天吃完明天減」的狀態，體重略微降一些時，又陡然升起，以一種減兩公斤、胖三公斤的速度，慢慢地年復一年，然後又過了多年。

　　每一個女生，從對自己的身材有意識以來，就在意著各種減重、減肥食品，減肥話題長年占據生活新聞的頭幾名，除了社會賦予我們外貌、身材的壓力，一個人想要活成什麼樣子、什麼外貌其實是自己的事，但不可否認，當我們把自己維持在適當的狀態時，確實會讓信心、心情提升，而這種提升會幫助、影響自己在各方面的做事方式，因為對自己有信心，面對事情時，會變得勇敢！

　　當然不是每個人都是這樣的心態，不過，至少我是這樣的，以前當我肥胖的時候，連跟朋友見一面都會猶豫，肥胖在很多方面影響我的心理與生活，因此，現在減肥成功之後，我把減

肥跟生活綁在一起,「減肥生活」對我來說,將會是一件一生都會努力面對的事。

飲食和運動是減肥的不敗心法

瘦瘦針是現代科技所帶給我們的福利,但我們不可能永遠依靠它,最終還是要在飲食與運動中調整自己,運動後的體態改變是瘦瘦針無法給你的、把料理做得健康好吃也是瘦瘦針無法給你的,「減肥」是一件可能長達一生的「事業」,有的女子也許一生都要奉獻給它,它既然是你的事業夥伴,所以學習與事業夥伴和平共處絕對是必要的!

當然,就像我們的工作,有時它很高壓,你覺得自己工作壓力實在太大了,所以才會有「假期」的存在。偶爾出國時,我還是會開心地吃,但現在出國前後,我會進入嚴格的減肥期,如同那兩年一樣的嚴格,甚至可以的話,斷食一天也可以做到,如果在出國大吃或聚餐的前後,都沒有這些防範措施,那麼很可能再度肥胖。

Chapter 2
鏡中的自己讓我不得不覺醒，開始改變

有時候,當我們碰到再度肥胖時,會沒有信心前進,這樣不就白白浪費之前的努力了,不是嗎?把「減肥」當作你一生需要共伴的對象,妳對它有耐心、充滿意志力,你的努力就會有回報。

每個人有自己的生活型態,按照自己的生活作息打造出屬於自己的飲食、運動模式,網紅們、明星的菜單與運動不見得適合你,只有自己擬定屬於自己的模式,才是最適合自己、也能最長久。無壓力地執行把跟「減肥」有關的各種生活習慣,內化成你平常就會做的事情,你就能「自然而然」地保持狀態,只有這樣,你才能跟「減肥」共度一生!

減肥專用零食

雖說晚餐之後不吃任何食物為最好的減肥方法,但若真的很餓的話,我的應對之法有幾個選項:
- 水煮蛋,1 顆
- 堅果,5~10 顆
- 韓國泡菜,約 30g

- 蘇打餅乾，2 片
- 無糖優格，1/2 杯

　　我經常熬夜，夜深人靜時，肚子也真的好餓，這樣實在睡不好，那麼吃一點點食物還是可以的，但不是「每天」！

　　我把飢餓感分成幾個等級，實在餓到 100% 時，那麼就吃一顆水煮蛋，或者幾顆堅果。有時候，只吃兩口泡菜就可以滿足，嘴饞有嘴饞的治療方法，一定要找到對自己適合的飢餓療癒法，才能對抗心理壓力與身體滿足感。

不只是減肥，是身心的全面蛻變

> 從幽谷走出來，
> 給現在的身體全新的生活。

2023 年 7、8 月時，我在內分泌科已看診大約一年八個月，最後一次門診時，醫師認為我已經瘦到剛好，甚至有點過瘦，不再開處方箋給我。這時期，不用再到醫院門診了，那時我的體重大約在 45~46 公斤之間，已經瘦了 26~27 公斤了，以我的身高對應年齡，這個數字的體重，讓整個減肥過程算是完成了。

不過，我很怕體重數字的反彈，所以接下來的幾個月，偶

Chapter 2
鏡中的自己讓我不得不覺醒，開始改變

爾吃減肥菜單以外的食物與調整飲食控制之間過生活，一直到 2023 年的最後一天，當體重數字來到 43 公斤時，我決定結束嚴格減肥期，進入一個與「減肥」共生的生活階段。

是的，每個人體質自是不同，我開始過著偶爾也吃吃美食、甜點的生活，但依然監控著自己的飲食方式，體重於 2024 年在 47~48 公斤之間徘徊，並且至今一直維持這樣的體重。

我開始享受著買新的衣服的樂趣，也穿上年輕時買的服飾，所有的鞋子，都因為腳不再水腫不必再束之高閣，而可以將那些高雅的高跟鞋放在鞋櫃顯眼之處，雖然我現在的生活已經不太需要穿高跟鞋了，也不需要穿年輕時專業職業婦女形象的整套正式衣服，但我仍然保留了一些衣服，偶爾也會試著穿那些看起來青春洋溢、又稍微修身的服裝，出門時甚至會打扮一下！

輕盈的體重，加上漸漸訓練出的肌力與核心，讓我可以在空瑜課中看起來優雅，重訓對我來說依然是比較累的運動，但是穿上緊貼的運動或瑜伽服飾時，我不再像以前一樣，覺得需要遮掩肥胖的部位，我的自信心也慢慢地鍛鍊出來了！從飲食

30 公斤的距離

控制、從規律運動等,這些是我以前未曾想過的生活。

　　學生們來上課,大家跟我交流減肥的各種心得,學生笑鬧我:「老師,你曾說過你這輩子絕對不去運動!」是啊!我還真的曾經說過這樣的話!

　　生活的磨難帶給我們蛻變,蛻變前的蟄伏雖然經歷黑暗、困難、掙扎等,但是,走過來了!從幽谷走出來,正面地面對陽光,面對一個現在的身體所需要的新生活。

　　如果肥胖是你的困擾、是你的絆腳石,找出一個你最受用的方式,建立起你的獨有模式,完全適用於你的減肥生活,當你慢慢地達到自己的目標,會發現,因為你可以自主掌控自己的世界,而世界對你而言也變大了!

Chapter 3

身為料理家,
減肥也要吃得很開心

誰說減肥就要放棄美食呢？
把減肥料理做得好吃，
才能讓這一條路走得順利又長久。

LET'S COOK
日式番茄玉米筍沙拉

日式沙拉

082

材 料

牛番茄	1 顆	雞蛋	1 顆
玉米筍	40g	水菜或其它沙拉葉菜	100g

醬 汁

昆布絲	3g	醬油	15ml
熱水	30ml	蜂蜜	10g
洋蔥泥	10g	初榨橄欖油	2 大匙

作 法

1. 起一鍋滾水，燙煮玉米筍，撈出瀝乾，再放入雞蛋煮熟，撈出去蛋殼備用。
2. 牛番茄分切成 8 等分、玉米筍斜切、白煮蛋分切 4 等分。
3. 步驟 2 的食材與沙拉葉菜放入沙拉碗內。
4. 接著做醬汁。昆布絲放入熱水中泡約 5 分鐘，再加入洋蔥泥、醬油與蜂蜜，拌勻。
5. 初榨橄欖油加入步驟 4 的醬汁中，一邊倒油、一邊攪拌，使醬汁乳化。
6. 醬汁與沙拉食材拌勻即可。

日式沙拉

LET'S COOK

柚子牛肉沙拉

Chapter 3
身為料理家，減肥也要吃得很開心

材 料

紫洋蔥	50g	市售柚子味噌	45g
牛肉火鍋片	120g	初榨橄欖油	15ml
小黃瓜	50g	鹽	適量
小番茄	100g	黑胡椒	適量

作 法

❶ 紫洋蔥薄切，泡於冷水中，去除蔥嗆味。
❷ 小黃瓜切絲、小番茄對切，放入調理碗中。
❸ 起一鍋滾水，牛肉片放入滾水中燙熟，取出瀝乾，放入調理碗中。
❹ 紫洋蔥瀝乾，以手擠乾水分，放入調理碗中。
❺ 柚子味噌跟初榨橄欖油加入調理碗，所有食材拌勻即可。可視個人口味再以鹽與黑胡椒調味，都不加也可以。

Joyce 的小叮嚀

柚子味噌還有很多種用途，例如燙煮海鮮後，直接沾取食用，或塗在豆腐表面，放入烤箱，可做出類似田樂豆腐的料理，當然也可以成為火鍋醬料之一，非常建議成為冰箱的常備品。另外，柚子味噌為日本進口產品，在日式進口超市或網路上較易購得。

日式 主食

LET'S COOK

日式漢堡排

Chapter 3
身為料理家，減肥也要吃得很開心

我喜歡吃漢堡排，開始自己製作漢堡排至少是 25 年前的事，當時可搜尋的資料很少。還記得當時是有線電視開播的第一年，可以看到很多日本料理相關節目，才有辦法自己製作。

那年代，台灣超市賣的牛肉品項很少，牛絞肉更是罕見，如果能買到，我就是做漢堡排。現在食材愈來愈好買，比起以前實在方便太多了！

材料

牛絞肉	650g	綜合乾燥香草	1 大匙
無鹽奶油	20g	鹽	適量
沙拉油	20ml	黑胡椒	適量
洋蔥	480g	紅酒	適量
蒜頭	15g	鴻禧菇	若干（視個人喜好）
麵包粉	20g	白菇	若干（視個人喜好）
雞蛋	1 顆	白蘿蔔泥	若干（視個人喜好）
鮮奶油	95ml		
牛奶	30ml		

醬汁

柚子醋	1 大匙
濃縮鰹魚醬油	½ 大匙
味醂	1 小匙
冷開水	1 大匙

作法

1. 洋蔥切小丁、蒜頭切末。
2. 鍋內加入無鹽奶油與沙拉油,加熱後放入洋蔥與蒜末,炒至洋蔥呈深黃色焦糖化,取出放涼備用。
3. 調理碗內放入牛絞肉、焦糖洋蔥、麵包粉、雞蛋。以手用力抓拌均勻,然後同一方向攪拌肉團,使之產生黏性。
4. 加入鮮奶油、牛奶、乾燥香草、鹽與黑胡椒,再次抓拌,摔打肉餡,能讓漢堡排吃起來更有彈性。
5. 肉餡分成數份,每份在兩手間拋接,藉此擠壓出空氣,整形成橢圓或圓形。
6. 將漢堡排放置於已經抹油的調理盤中,再將漢堡排中間以手按壓出凹槽。(中間過厚不容易熟透,所以將漢堡排做成中間薄而邊緣厚。)
7. 平底鍋加熱後,加入適量油,再次加熱後放入漢堡排,先高溫煎約 30 秒,轉小火、蓋上鍋蓋煎約 2 分鐘,翻面前加入紅酒,翻面後再煎約 2 分鐘即可。
8. 接著做醬汁。將柚子醋、濃縮鰹魚醬油、味醂、冷開水放入調理碗內拌勻即可。
9. 另外將平底鍋加熱,放少許油,炒香鴻禧菇與白菇,以鹽與黑胡椒調味當作配菜。可再加上白蘿蔔泥,增加風味。

Joyce 的小叮嚀

做為減肥料理的漢堡排,最好不要醬汁,如果對你來說這樣太平淡,那麼漢堡排翻面後,可以放一片起司在上面,熱量不至於過高、但富有風味。加入漢堡排的麵包粉,是可以自己做的。我通常購買香草口味(如迷迭香)的歐式麵包,把吃不完的麵包放在室內一夜就會變硬,再放入調理機打成麵包粉即可,可一次多做些冷凍封存。

LET'S COOK

日式 主食

和風豆腐雞肉餅

Chapter 3
身為料理家，減肥也要吃得很開心

材 料

日式板豆腐	1 塊（約 135g）	鹿尾菜	30g
雞絞肉	250g	（可使用黑木耳切末代替）	
雞蛋	1 顆	鹽	適量
麵包粉	1 大匙	清酒	1 大匙
		味醂	1 大匙

作 法

❶ 板豆腐以廚房紙巾或棉布包好，放在調理濾網上，上壓重物，逼出水分，約 1~2 小時。

❷ 鹿尾菜以水泡發。

❸ 去除水分的板豆腐放在砧板上，以刀背壓成泥，放入調理碗內。加入雞絞肉、雞蛋、麵包粉、擠乾水分的鹿尾菜（如無可使用黑木耳切末代替）、所有調味料。

❹ 以手將所有材料抓拌均勻。

❺ 肉餡分成數份，每份在兩手間拋接，藉此擠壓出空氣，整形成橢圓或圓形。

❻ 將雞肉餅放置於抹油的調理盤中，再將雞肉餅中間以手按壓出凹槽。為避免中間過厚不容易熟透，因此做成中間薄而邊緣厚。

❼ 平底鍋加熱後，加入適量油，再次加熱後放入雞肉餅，先高溫煎約 30 秒，轉小火、蓋上鍋蓋煎約 2 分鐘，翻面後再煎約 2 分鐘即可。

| 日式主食

LET'S COOK
和風雞排

將日式漢堡排的醬汁做好與雞排送作堆,也是很合拍的料理,當作減肥餐的正餐主菜,是吃得飽又兼顧美味的做法。

材 料

去骨雞腿排　　　1 塊（約 300g）
鹽　　　　　　　　　　　　適量
黑胡椒　　　　　　　　　　適量
不甜的白酒　　　　　　　50ml

醬 汁

如 88 頁

作 法

1. 雞腿排撒鹽與黑胡椒。
2. 平底鍋加熱後，倒入少許沙拉油，將雞腿排皮面朝下，煎約 30 秒後，加入白酒。
3. 轉至中小火，煎至雞皮表面金黃酥脆。
4. 再翻面煎至雞腿排約八、九分熟。
5. 盛盤時，可搭配白蘿蔔泥，以及青花菜等你喜愛的蔬菜，再將醬汁淋上即可食用。

| 日式煮物

LET'S COOK
日式白蘿蔔雞翅煮物

材料

白蘿蔔	80g	清酒	15ml
雞翅	2~3 付	味醂	15ml
四季豆	50g	日式黃芥末	少許
日式高湯	600ml		
淡口醬油	15ml		

作 法

1. 白蘿蔔削皮後，切 5~6cm 厚度，切口邊緣修圓，切面切十字刀紋。
2. 白蘿蔔放入鍋內，加入高湯、淡口醬油、清酒、味醂，燉約 30 分鐘。
3. 於此同時，雞翅放入另一鍋滾水，燙煮 3~5 分鐘，取出洗淨，四季豆也燙熟備用。
4. 雞翅加入白蘿蔔鍋中，與蘿蔔同燉約 20 分鐘。
5. 白蘿蔔與雞翅盛盤，放四季豆點綴，盤邊抹上黃芥末即可。

日式煮物 | LET'S COOK
小松菜與油豆腐煮物

材 料

小松菜	400g	淡口醬油	15ml
油豆腐皮	60g	味醂	35ml
日式高湯	300ml	鹽	適量

作 法

❶ 小松菜底部粗梗切除。
❷ 起一鍋滾水，油豆腐皮放入燙煮約 1 分鐘，撈出擠乾水分，對切一半後再切長條。
❸ 日式高湯放入鍋中，加入味醂、淡口醬油與適量鹽，煮滾。
❹ 油豆腐皮放入煮鍋中，先煮 1 分鐘。再將小松菜放入煮鍋，煮熟即可熄火。
❺ 小松菜取出切段，放入盤中，油豆腐皮也放入盤中，舀少許湯汁放入盤中即可。

LET'S COOK

日式煮物

油菜花厚燒豆腐煮物

材 料

油菜花	200g
厚燒油豆腐	1 塊

八方高湯

一番或二番高湯	1000ml
清酒	55ml
味醂	30ml
柴魚片	20g

煮 汁

八方高湯	900ml
上白糖	30g
淡口醬油	35~40ml
鶴醬	15ml
味醂	45ml

作 法

1. 先製作八方高湯。將所有八方高湯食材放入鍋中，煮約 10 分鐘即可。
2. 另起一鍋滾水，厚燒油豆腐放入煮約 2 分鐘，取出瀝乾。
3. 油豆腐切約 10 塊，放入鍋中。
4. 鍋內放入所有煮汁材料，小火煮滾後，放入厚燒油豆腐煮約 20 分鐘。
5. 油菜花切段，放入油豆腐旁煮熟，全部盛盤即可。

日式配菜

LET'S COOK

日式豆腐醬拌蔬菜

Chapter 3
身為料理家，減肥也要吃得很開心

　　愛到日本旅遊的很多台灣人，到了日本都會去逛百貨公司或市場的熟食區看看，熟食區可以看到各國、各種不同的料理，在發熱燈光下，顯得多彩奪目，想買哪一種一時之間實在很難決定啊！

　　我常常慢慢地逛、拍照，熟食區給我很多做料理的靈感，有一道料理「豆腐醬拌蔬菜」便是日本料理熟食區經常看到的料理，尤其是關西地區的京都，這一道不只是京都的特色菜，也是我很喜歡的料理。

　　這一道菜，蛋白質與纖維多多，又不油膩，天氣熱時，我很喜歡吃這道料理。

材 料

木棉豆腐	300g	蒟蒻	50g
菠菜或小松菜、綠色葉菜蔬菜		淡口醬油	15ml
	150g	白芝麻	1 ½ 大匙
胡蘿蔔	40g	白味噌	½ 大匙
蓮藕	40g	糖	½ 大匙
香菇或鴻禧菇、白菇	20g	味醂	1 大匙

作 法

1. 木棉豆腐以廚房紙巾或棉布包好，放在網狀調理盆上，豆腐上放重物，把水分壓出，至少要放置 1 小時。
2. 菠菜切段、胡蘿蔔採短冊切法，先切成長條狀再切成薄片、蓮藕切片、香菇切絲。
3. 蒟蒻以湯匙分切成小塊狀，放入滾水中煮約 5 分鐘，瀝乾後再自然放涼。
4. 在滾水中加入 1 大匙醋，蓮藕放入醋水中煮熟，瀝乾備用。
5. 菠菜、胡蘿蔔、香菇分開汆燙，熟後瀝乾備用。
6. 在磨缽中放入白芝麻，以木棒磨碎，放入壓去水分的豆腐，再次磨均勻。
7. 在磨缽中加入白味噌、淡口醬油、糖、味醂，拌勻。
8. 將所有蔬菜、蒟蒻放入磨缽，拌勻即可。

Chapter 3
身為料理家,減肥也要吃得很開心

⑥

Joyce 的小叮嚀

豆腐料理會成為京都料理的特色,是因為京都的水質是微軟水,很適合做豆腐,因此,京都的豆腐美味好吃!另一道我喜愛的豆腐料理「飛龍頭」(炸豆腐餅中包含銀杏、少許蔬菜)也是來自京都豆腐店的發明。不過台灣的豆腐味道與日本的豆腐相比,實質上是有差異的,若想追求正統日本家常料理的味道的話,還是請到日本豆腐的專賣店去買才是!

日式

103

日式配菜

LET'S COOK

厚燒油豆腐拌蔬菜醬

　　這是一道變化版的日本道地家常菜，蔬菜醬是被稱為だし的山形縣鄉土料理，通常是為了炎熱夏天沒有食欲時特別製作的夏日料理，做完的蔬菜醬會淋在白米飯上享用。

　　我在減肥初期沒有吃澱粉，便把白飯換成厚燒油豆腐。在日式超市購買的正統日式厚燒油豆腐，吃油豆腐前，把油豆腐放入滾水中汆燙去除油耗味，是日本家常料理使用的手法，對減肥的人來說，也可以減少很多油脂熱量，一舉兩得。

材料

厚燒油豆腐	大塊 1 塊

拌醬

小黃瓜	2 條	昆布絲	½ 大匙
茄子	1 條	日式高湯	90ml
紅椒	1 顆	淡口醬油	65ml
嫩薑	20g	味醂	25ml
日本青紫蘇葉	4~5 片		

作法

1. 將拌醬中的所有蔬菜都切成小丁狀。
2. 將蔬菜、昆布絲與拌醬中的所有調味料放入調理碗中。
3. 拌醬放入冰箱至少 2 小時,冰鎮入味。
4. 起一鍋滾水,將油豆腐放入滾水中煮約 3 分鐘,取出瀝乾。再將已經冰鎮過且入味的拌醬放在油豆腐上,並放上切絲的青紫蘇葉即可。

日式配菜

LET'S COOK
豆腐茶碗蒸

　　豆腐茶碗蒸是一道特別的料理，我在京都的餐廳吃過，是懷石料理中的其中一道菜。經過試做，終於得以在台灣的料理課上重現這道料理，跟一般茶碗蒸相比，因為茶碗蒸上面的淋醬，使整體的味道更為細緻。

材料

日本絹豆腐	1 塊	日式高湯	700ml
雞蛋	4 顆	淡口醬油	40ml

淋醬

日式高湯	500ml	味醂	⅔ 大匙
白醬油	25ml	葛粉	適量
鶴醬	5ml	薑泥	適量

作法

1. 絹豆腐切 1cm 方塊，每個杯子放入約 3~4 塊豆腐。
2. 4 顆蛋打勻後，加入日式高湯，以淡口醬油調味後，均勻放入 8 個杯子。
3. 放入水已經滾的蒸鍋內，蒸約 25 分鐘。
4. 做淋醬的高湯放入鍋內，加入白醬油、鶴醬、味醂調味。
5. 葛粉加入等量的水調勻，慢慢加入高湯中勾芡。
6. 勾芡的淋醬放入已蒸好的茶碗蒸，再放入薑泥即可。

LET'S COOK
香草溏心蛋

日式配菜

Chapter 3
身為料理家，減肥也要吃得很開心

材料

雞蛋	3~4 顆	味醂	15ml
水	400ml	洋蔥末	30g
醬油	40ml	迷迭香	3~4 支

作法

❶ 起一鍋滾水（份量外），雞蛋放入煮約 5 分半至 6 分鐘。
❷ 雞蛋撈出放入冰塊水中，迅速降溫。
❸ 水 400ml 放入小鍋，加入醬油、味醂，煮至略滾即熄火。
❹ 等步驟 3 的醬汁降溫至約 50~60 度左右時，放入洋蔥末與迷迭香。
❺ 雞蛋剝殼，放入步驟 4 的醬汁中，移入冰箱至少醃漬一晚即可。

Joyce 的小叮嚀：迷迭香可以換成自己喜歡的香草，如百里香、香蜂草、龍蒿等。

日式 湯品

LET'S COOK

日式豬肉味噌湯

Chapter 3
身為料理家，減肥也要吃得很開心

我對豬肉味噌湯有一種專屬於「日本媽媽」的懷念與執念！

我曾跟幾位日本媽媽的料理學習與生活孺慕中發現：「豬肉味噌湯」幾乎是每一位日本媽媽都會煮的湯料理。

每一家的豬肉噌風味各有千秋，材料大抵共同的是皆以根莖蔬菜為主；至於豬肉，比較常見的是使用薄片豬肉，但我也吃過使用豬肉塊的味噌湯，兩種都喜歡，說不出哪個比較好，因為跟每一位媽媽都有不同的情感，他們傳承給我的是除了家的味道，還有那些數不盡的關懷與愛護。

材料

梅花肉片	300g	香菇	30g
蒟蒻	100g	大蔥	1支
白蘿蔔	80g	日式高湯	900ml
胡蘿蔔	80g	信州味噌	80g
牛蒡	40g	七味粉	適量
杏鮑菇	40g		

作法

1. 蒟蒻以湯匙切塊狀，放入滾水中煮約 5 分鐘，撈出瀝乾、自然放涼。
2. 白蘿蔔、胡蘿蔔切大丁或滾刀塊。
3. 牛蒡以湯匙刮除表皮，使用削皮刀削出薄片。
4. 杏鮑菇切滾刀塊、香菇切片、大蔥蔥白部分薄切，蔥綠部分切段。
5. 日式高湯放入鍋中，除了大蔥蔥白以外，先放入所有蔬菜與蒟蒻，味噌先取 ⅓ 量放入同煮，小火燉約 20～30 分鐘。
6. 把梅花肉片放在濾網上，以熱水淋過，這是去除血水的快速簡單方法。
7. 將豬肉片與剩下的味噌放入鍋中同煮約 20 分鐘。
8. 再蔥白放入味噌湯煮約 5～10 分鐘。
9. 盛碗後撒上一些七味粉即可。

Chapter 3
身為料理家，減肥也要吃得很開心

①

Joyce 的小叮嚀

如果能買到小芋頭一起煮，豬肉味噌湯會升級、變得更好吃。牛蒡除了薄切之外，也有人切跟蘿蔔一樣大小的丁狀，我個人喜歡薄切。味噌品牌不同則鹹度不一樣，請視情況調整味噌用量。

韓式沙拉

LET'S COOK

透抽雞肉泡菜沙拉

Chapter 3
身為料理家，減肥也要吃得很開心

　　會做這道料理純粹是運用料理課剩餘食材的清冰箱之作。料理課往往會剩下許多透抽腳，這些透抽腳成為沙拉、米粉湯、熱炒菜等等，是常常出現在我餐桌上的料理。

　　而韓國泡菜更是我冰箱中的常備菜，市售泡菜除了可以直接食用之外，更可以像這道菜餚一樣，加入料理中成為和諧的一分子，請好好地利用泡菜吧！

　　按照正確步驟所做的泡菜，含有許多對人體很好的酵素，台灣現今各大超市都能買到韓國進口的泡菜，好好地運用它們，會成為餐桌上受歡迎的料理。

30 公斤的距離

材料

市售韓國泡菜	70g	松子	1 大匙
雞小里肌肉	2~3 條	韓國生蝦醬	1 小匙
透抽	1 隻	韓國包飯醬	20g
米酒	1/3 杯	味醂	5ml
青花菜	150g	韓國黃糖或台灣白砂糖	1 小匙

作法

1. 雞小里肌切成一口大小,放入滾水中燙熟,撈出瀝乾備用。
2. 透抽切適當寬度,滾水中加入米酒,放入燙熟,撈出瀝乾備用。
3. 青花菜切小顆,放入滾水中燙熟,撈出瀝乾備用。
4. 松子放入鍋中烘煎,過程中要常常搖動,呈淡金黃色後,取出,以刀切碎備用。
5. 在調理碗中放入泡菜、雞小里肌肉、透抽,再放入生蝦醬、包飯醬、味醂與糖,拌勻後盛盤。
6. 把碎松子末撒在料理上即可。

Joyce 的小叮嚀

雖然我每年都會開「手作韓國泡菜」的課程,所做的泡菜通常都保存為老泡菜,作為燉煮時使用,平日所吃的韓國泡菜,均在超市選購。在台灣各個超市採買非常容易的泡菜,做為減肥料理的主角或配角都很適合,有時候突然餓了,偶爾我會拿出泡菜,泡菜本身有很多酵素,熱量低、高纖維,因為味道重,吃三、四口就可以滿足正餐之外的突然飢餓感。

韓式主食

LET'S COOK

韓式烤肉與生菜

　　韓國料理中，我最喜歡各種「菜包肉」！這一類料理，生菜用量很大，就可以吃下很多蔬菜，是我很愛的食用方式！如果是吃烤肉，那麼生菜中一定要有韓國紫蘇葉，有了它，韓式烤肉就像有了靈魂，味道突然鮮活了起來！韓國紫蘇葉透過網路訂購比較便利，每次添購後，那一兩個星期，我就會特別針對韓國紫蘇葉做幾道料理！

材 料

燒烤肉片	180g	韓國粗辣椒粉	5g
（牛肉或豬肉皆可）		梅糖漿	10ml
洋蔥	45g	料理酒	10ml
蔥	15g	大陸妹、萵苣、奶油萵苣、	
胡蘿蔔	30g	韓國紫蘇葉等生菜葉	適量
蒜泥	1小匙	生蝦醬、包飯醬、泡菜、蒜片、	
生蝦醬	1小匙	青辣椒等可搭配的醬料或食材	
韓國辣椒醬	15g		適量
韓國正醬油	10g		

作 法

❶ 拿取廚房紙巾放在調理盆上，再放入肉片，讓紙巾吸取肉片溢出的血水，這是韓國人常用的肉片去血水方式。

❷ 洋蔥切粗絲、胡蘿蔔切細絲、蔥切段。

❸ 肉片放入調理碗，加入生菜以外的所有食材，拌勻，略醃漬至少10分鐘。

❹ 炒鍋加入油，加熱後，全部放入炒熟即可盛盤。

❺ 以生菜包裹肉片即可食用。

韓式主食

LET'S COOK
韓式海苔飯捲

Chapter 3
身為料理家,減肥也要吃得很開心

想吃澱粉或愛吃澱粉的你,在嚴格減肥期,需要將澱粉慢慢減量時,不需要太逼自己一個月或三個月內做到。我不讓自己壓力太大、慢慢地減量,減肥餐以肉類、蔬菜為主,比較不痛苦。

偶爾吃澱粉也要好好地選擇,除了生魚飯,韓式海苔飯捲也是我的選擇之一,不過吃的量很少,也只在減肥的第二年下半年才開始慢慢吃澱粉。

韓式

121

材料

海苔片	3~4 張	飯捲用火腿	4 條
雞蛋	4 顆	米飯	2 杯
菠菜	200g	韓國芝麻油	25ml
（或小黃瓜 5~6 支）		鹽	適量
胡蘿蔔	150g	白芝麻	適量
飯捲用醃漬黃蘿蔔	4 條		

作法

1. 4 顆雞蛋一起打散後,煎成蛋捲,備用。
2. 胡蘿蔔切細絲,鍋內放入韓國芝麻油(份量外),胡蘿蔔炒熟,以鹽調味,備用。
3. 菠菜整株不切(如果太長則可切一半),放入滾水中燙熟,擠乾水分,備用。如使用小黃瓜,每支小黃瓜分切 4 份。
4. 飯捲用火腿放入平底鍋,煎香,備用。
5. 將米飯放入調理盆內,加入韓國芝麻油與鹽,拌勻備用。
6. 在砧板上放一張海苔片,鋪好薄薄一層芝麻油拌飯。
7. 將所有食材放在飯捲靠自己位置的 1/3 處。
8. 將海苔飯捲包捲好,外表塗一層芝麻油後(份量外)再撒少許白芝麻。
9. 每條海苔飯捲依自己想吃的厚度切好即可。

Joyce 的小叮嚀

韓式食材現在非常容易購買,如果想要一次買齊,只要在網路上打出關鍵字就可以了,放手去做吧!我教學生們做韓國飯捲時,剛開始大家都非常害羞或者害怕,但真正上手的話,連捲簾都不需要,反而以雙手來做飯捲才較不受束縛,後來大家包得非常開心,一度停不下手來,直到所有食材用罄,平均下來,每個人竟然可以吃三捲啊!

韓式配菜

LET'S COOK
韓式燉煮豆腐

材 料

木棉豆腐	500g	正醬油	70ml
蔥末	35g	水	240ml
青辣椒末	1 支	芝麻油	適量
蒜泥	20g	白芝麻	少許
粗辣椒粉	1 ½ 大匙		

作 法

1. 木棉豆腐切片，放入鍋中排好。
2. 蔥末、青辣椒末、蒜泥、粗辣椒粉、正醬油與水調勻。
3. 將步驟 2 的調味料倒入豆腐鍋中，蓋上蓋子，滾後轉小火，燉煮約 15~20 分鐘。
4. 打開蓋子，淋上適量芝麻油，撒白芝麻即可。

韓式配菜

LET'S COOK

韓式涼拌酸辣菠菜

Chapter 3
身為料理家，減肥也要吃得很開心

材料

菠菜	600g
白芝麻（裝飾用）	適量

拌醬

韓國辣椒醬	50g	蒜泥	8~10g
粗辣椒粉	10g	白醋	20~25ml
梅糖漿	10ml	芝麻油	15ml
味醂	10ml	白芝麻	適量
韓國黃糖	5g		

作法

1. 菠菜洗淨切成兩段，起一鍋滾水，葉梗先下略煮後，再放入菜葉，燙熟取出，擠乾水分備用。
2. 調理碗內放入拌醬的所有材料，拌勻。
3. 把菠菜切成適口長度，放入步驟 2 的調理碗內，拌勻。
4. 盛盤後，撒白芝麻即可。

韓式配菜

LET'S COOK

韓式辣拌牡蠣

Chapter 3
身為料理家，減肥也要吃得很開心

材料

| 大顆牡蠣 | 6~8 顆 | 味醂 | 適量 |
| 清酒 | 適量 | 白芝麻（裝飾用） | 適量 |

拌醬

胡蘿蔔絲	30g	蒜泥	25g
小黃瓜絲	60g	韓國黃糖	10g
湯醬油	50ml	粗辣椒粉	15g
味醂	10ml	芝麻油	15ml

作法

1. 起一鍋滾水，放入清酒、味醂，牡蠣放入燙熟即取出，瀝乾備用。
2. 在調理碗內放入拌醬所有食材，拌勻。
3. 燙熟牡蠣放入步驟 2 做好的拌醬，拌勻。
4. 盛盤後撒白芝麻即可。

韓式

韓式湯品 | LET'S COOK
韓式牛小排白蘿蔔湯

Chapter 3
身為料理家，減肥也要吃得很開心

冬季一到，是白蘿蔔的季節，這時候，不要錯過所有可以吃白蘿蔔的料理，怎麼做怎麼好吃，跟著節氣、自然流淌一起過生活，是最舒服的生活節奏！

另外，如果像我一樣，經常以湯類料理為主食，那麼在熬湯過程中，要時時撈除浮油，更有甚者，有時會將燉好的湯放入冰箱一夜，隔天除去表已凝結的油塊，這樣才能得到清爽好喝的湯。

韓式

131

材料

沙丁魚乾	5g	大蔥	1 支
韓國昆布（5×5cm）	1 片	味醂	15ml
乾香菇	10g	韓國湯醬油	1 大匙
帶骨牛小排	300g	鹽	適量
白蘿蔔	350g		

作法

1. 先製作高湯。將沙丁魚乾、昆布、乾香菇放入 3 公升清水，煮至滾後轉小火煮約 20 分鐘。
2. 帶骨牛小排放入調理盆，泡在水中約 2 小時，期間換水三、四次。
3. 將牛小排放入高湯中，滾後小火燉約 1 小時。
4. 將白蘿蔔與大蔥加入，小火燉約 1 小時。
5. 大蔥撈出，加入味醂、湯醬油後，按自己口味再調整需加入的鹽的份量。

Joyce 的小叮嚀

韓國人去血水的方式與我們不同，台灣通常使用汆燙方式去掉血水與雜質，韓國則是把肉類（肉片除外）泡在水中數小時，中間換水數次。以前我狐疑這樣會不會沒有鮮味或肉味，但事實證明，這樣煮的肉湯鮮美可口，毫無腥味！

如果是冷凍庫拿出的肉品沒時間解凍，我都會使用泡水的韓式手法，既能快速解凍、也可以去除血水。另外，大蔥可以在進口超市買到，台灣農曆年前後，則會在傳統市場或超市出現。

Chapter 3
身為料理家，減肥也要吃得很開心

①

②

韓式

133

韓式湯品

LET'S COOK
韓式大醬湯

　　韓國的大醬湯與日本味噌雖同屬於豆製品發酵，都可一視同仁當作味噌湯的一種，不過日本的味噌湯不反覆加熱，避免味噌香味失散，而韓國大醬湯可以重覆加熱，還能因此讓味道更濃郁，但記得不要因加熱而讓湯變得過鹹。

材 料

昆布	3~4g	白蘿蔔	80g
小魚乾	15g	馬鈴薯	65g
水	800ml	洋蔥	50g
香菇	3朵	木棉豆腐	90g
鴻禧菇	40g	韓國大醬	35g
櫛瓜	45g		

作 法

❶ 昆布與小魚乾放入水中，先泡 15 分鐘後，再開火煮滾後約 5 分鐘，將材料取出。

❷ 香菇切丁、鴻禧菇分成一口大小、櫛瓜、白蘿蔔與馬鈴薯切丁，洋蔥切絲，木棉豆腐切丁。

❸ 所有蔬菜與豆腐放入高湯鍋中，煮約至少 15 分鐘。

❹ 加入大醬，再煮約 15 分鐘即可。

Joyce 的小叮嚀

韓國人做大醬湯時，經常使用洗米水來煮，會讓大醬湯有微微的濡糯感，不過我太少吃米飯了，所以沒有洗米水可用，若是想要做更道地的韓國大醬湯，可以試試以洗米水來製作。

> 西式沙拉

LET'S COOK

炙烤杏鮑菇排沙拉

　　菇類是我非常喜愛的食材，除了熱量低之外、膳食纖維豐富，就算是煮多了，熱量都在可控範圍之內。而且在台灣，不論是超市或是傳統市場，到處都買得到各種不同種類的菇，減肥的人一定要好好把握這樣的好食材！做這道沙拉，我都會去連鎖超市買巨大的杏鮑菇，因為大個頭的杏鮑菇才能切厚片！

材料

巨大杏鮑菇	3 顆	初榨橄欖油	1 大匙
各類生菜	80g	義大利巴薩米克醋	1 大匙
玉女番茄	7~8 顆	鹽	少許
杏仁碎粒	1 大匙	黑胡椒	少許

作法

1. 杏鮑菇切成厚片，每一片表面再切出交叉刀痕。
2. 切成厚片的杏鮑菇，兩面撒少許鹽與黑胡椒，放入已經燒熱的橫紋烤盤上。
3. 玉女番茄也放入烤盤，略微烤過即可取出。
4. 杏鮑菇兩面烤出漂亮的金黃橫紋後，取出放在生菜沙拉上。
5. 杏仁以乾鍋炒香，或使用烤箱烤至略帶金黃色，取出放在杏鮑菇上。
6. 將初榨橄欖油與巴薩米克醋淋在沙拉上即可。

Joyce 的小叮嚀

杏鮑菇切片後，每一片的表面要再切出交叉刀痕以利炙烤，可以在短時間內烤熟。另外，使用橫紋烤盤時，如果食材在烤盤上停留時間過久，容易失去水分而造成口感不佳喔！材料中的各類生菜，可以直接選購超市的盒裝混合沙拉，也可以自己搭配可生食的蔬菜。

| 西式沙拉

LET'S COOK
甜菜香橙沙拉

材料

甜菜根	1 顆（約 200g）
香吉士	1 顆（約 170g）
小黃瓜	60g

醬汁

檸檬汁	25ml	黑胡椒	少許
初榨橄欖油	1 大匙	檸檬皮	1 顆
鹽	適量		

作法

1. 甜菜根以錫箔紙包裹好，放入 170 度烤箱，烤約 30 分鐘。
2. 甜菜根烤好取出放涼，去皮切塊備用。
3. 香吉士去皮，取出果肉。
4. 小黃瓜切片。
5. 在碗中將檸檬汁、初榨橄欖油、鹽及黑胡椒、檸檬皮混合均勻，即為醬汁。
6. 甜菜根、香吉士果肉、小黃瓜與醬汁拌勻即可。

西式沙拉

LET'S COOK

尼斯沙拉

材 料

鮪魚罐頭	½ 罐	黃椒	½ 顆
四季豆	30g	馬鈴薯	1 顆
牛番茄	1 顆	白花椰	100g
雞蛋	1 顆	青花菜	100g
罐頭黑橄欖片	2 大匙		

醬 汁

檸檬汁	1 顆	第戎黃芥末醬	1 小匙
初榨橄欖油	30ml	鹽	適量
蒜泥	1 小瓣	黑胡椒	適量

作 法

1. 滾水燙熟四季豆、白花椰跟青花菜，撈出後，放入雞蛋，煮至熟即可撈出。
2. 馬鈴薯放入蒸箱，蒸熟後取出切約 5~6 等分，煮熟的雞蛋去蛋殼切 4 等分。
3. 黑橄欖片、黃椒切成一口大小，牛番茄切約 6 等分。
4. 醬汁所有食材放入玻璃瓶內，蓋緊蓋子，快速搖動瓶子，使醬汁乳化。
5. 所有蔬菜與鮪魚放入深盤或沙拉碗，淋上醬汁即可。

| 西式沙拉

LET'S COOK
酪梨鮮蝦沙拉

　　這是一道我好喜歡的沙拉,至少十幾年前就做過。而去年邀請日本的料理家——智子老師到台灣來教授料理課時,她的菜單中也有這道沙拉。不過,她在一些食材處理上更為細緻,我一直很欣賞她對食材的嚴謹態度,這道沙拉加入智子老師的嚴謹與我的巧思。

Chapter 3
身為料理家，減肥也要吃得很開心

材 料

酪梨	130g	黃檸檬汁	1 顆
大隻鮮蝦	100g	初榨橄欖油	2 大匙
洋蔥	40g	義大利扁葉芹末（新鮮香草）	
西洋芹	30g		1 小匙
黃檸檬皮	½ 顆		

作 法

1. 酪梨去皮、去籽，切 2~3cm 塊狀備用；鮮蝦去沙腸，切 3~4 塊備用。
2. 洋蔥與西洋芹薄切，愈薄愈好，分別泡入冷水中去除本身較嗆、較重的味道。約 20 分鐘後，取出擠乾水分、擦乾備用。
3. 鮮蝦以滾水燙熟。
4. 上述所有食材放入調理碗中，刨入 ½ 顆黃檸檬皮，加入檸檬汁。
5. 加入初榨橄欖油，全部拌勻。
6. 加入少許扁葉香芹末。

Joyce 的小叮嚀

扁葉香芹（Parsley）是義大利扁葉香菜，可以在花市購買。我一向都在花市購買各種料理所需要的香草類，尤其是西式料理需要的香草，購買時選擇無農藥使用與噴灑的有機香草即可。另外，我的經驗是，台灣夏季天氣太熱，香草通常在其它三季會活得比較好。

LET'S COOK

西式沙拉

烤雞胸肉橘子沙拉

材 料

雞胸肉	1 塊（約 200g）	玉米筍	30g
鹽	適量	四季豆	3～4 支
黑胡椒	適量	初榨橄欖油	適量
香吉士	2 顆	檸檬汁	半顆

作 法

① 雞胸肉撒鹽及黑胡椒，與四季豆放入已經燒熱的橫紋烤盤上，每面烤約 1 分半~2 分鐘。

② 雞胸肉取出放在錫箔紙上，包好，以餘溫使雞胸肉內部中心也熟透。

③ 雞胸肉取出切成一口大小，不切也可以直接盛盤。

④ 香吉士去皮後，切成一口大小。

⑤ 玉米筍斜切段，放入滾水中燙熟，取出瀝乾。

⑥ 初榨橄欖油、檸檬汁、鹽及黑胡椒放入小碗中，快速拌勻使乳化。

⑦ 雞胸肉與水果、蔬菜盛盤，淋上步驟 6 的醬汁即可。

西式主食

LET'S COOK

夏威夷生魚飯

　　嚴格減肥的兩年期間，澱粉偶爾還是吃的，不過多是原型食物居多，很少吃麵包和麵條。想吃澱粉時，會選擇很多蔬菜與蛋白質的生魚飯，只吃少少的飯，甚至頂多吃兩、三口的份量，減肥的這兩年，吃蠻多次的！

材 料

鮭魚生魚片	40g	青花菜	30g
旗魚生魚片	40g	玉米筍	20g
水煮蛋	1 顆	美生菜或生菜沙拉	15g
蘋果	¼ 顆	五穀飯	半碗

醬 汁

日式美乃滋	50g	檸檬汁	½ 小匙
泰國是拉差辣椒醬	1 大匙		

作 法

1. 鮭魚生魚片、旗魚生魚片切成約 1.5cm 丁狀。
2. 蘋果切小丁、水煮蛋切片。
3. 青花菜與玉米筍分別以滾水燙熟,瀝乾放涼備用。
4. 五穀飯、美生菜(或生菜沙拉)放入碗內。
5. 所有食材依序鋪在飯及生菜沙拉之上。
6. 將醬汁用的所有食材調勻,淋少許在生魚飯上即可。

|西式 主食|

LET'S COOK
煙燻鮭魚酪梨開放三明治

我花了兩年的時間減肥,尤其在嚴格減肥期的一年半中,幾乎沒吃精緻澱粉,到第二年的後半年時,因為瘦身效果已經很明顯,所以偶爾吃麵包,解一下嘴饞的心情。

材料

切片歐式麵包	1 片	奶油乳酪抹醬	適量
煙燻鮭魚	3~4 片	鹽	少許
酪梨	½ 顆	黑胡椒	少許
雞蛋	1 顆		

作法

1. 歐式麵包放到已加熱的烤網上,烤至表面金黃。
2. 酪梨去皮去籽,切片備用。
3. 將奶油乳酪抹醬抹在麵包表面。
4. 起一鍋滾水,將雞蛋先放入杯中,再慢慢從杯中滑入滾水中,煮約 5 分鐘,做成水波蛋,取出瀝乾。
5. 切片酪梨與煙燻鮭魚排在麵包上,並放上水波蛋,以少許鹽和黑胡椒調味即可。

西式主食 LET'S COOK
酪梨開放三明治

材料

歐式麵包	1 片
酪梨	70g
小番茄	數顆
芝麻葉	15g
初榨橄欖油	1 大匙
鹽	少許
黑胡椒	少許

Chapter 3
身為料理家,減肥也要吃得很開心

作法

1. 酪梨去皮去籽,切片備用。
2. 芝麻葉放入調理碗中,淋少許初榨橄欖油、鹽及黑胡椒,拌勻。
3. 將芝麻葉鋪在歐式麵包上。
4. 放上酪梨片與小番茄,再淋少許初榨橄欖油即可。

西式 主食

LET'S COOK

鮭魚排與蔬菜沙拉

有時候忙起來，做料理便需要簡潔，一鍋到底的料理方式很適合忙碌族群或不想清理太多鍋碗瓢盆的時候！

Chapter 3
身為料理家，減肥也要吃得很開心

材 料

鮭魚	1 片（約 200g）	蘆筍	6～8 支
鹽	適量	無鹽奶油	20g
黑胡椒	適量	義大利扁葉香芹	1 大匙
熱炒用橄欖油	1 大匙	生菜沙拉	適量

作 法

❶ 鮭魚上撒少許鹽、黑胡椒。
❷ 已加熱平底鍋中倒入橄欖油，放入魚排。
❸ 把魚排放到平底鍋一邊，另一邊放入蘆筍略微翻炒。
❹ 加入無鹽奶油，以鹽與黑胡椒調味，即可起鍋。
❺ 將鮭魚與蘆筍放於生菜沙拉上，再附上檸檬片。

LET'S COOK

西式 主食

法式紙包海鮮

Chapter 3
身為料理家，減肥也要吃得很開心

材料

鱸魚排	1 片（約 200g）
蛤蜊	4~6 顆
小番茄	4~6 顆
櫛瓜	1/3 條
橄欖油	1 大匙
鹽	適量
黑胡椒	適量
烘焙紙	30×25cm

作法

❶ 在烘焙紙上放入魚排、蛤蜊、小番茄和櫛瓜，撒鹽及黑胡椒，淋少許橄欖油。

❷ 將材料包裹好，放入已預熱烤箱，以 180 度烤約 12~15 分鐘即可。

西式主食 | LET'S COOK
魚排佐白酒醬汁

材料

鱸魚排	1 片（約 160g）	黃檸檬汁	20ml
蒜片	1 瓣	黃檸檬皮	1 顆
小番茄	4~5 顆	加熱用橄欖油	1 大匙
罐頭切片黑橄欖	1 大匙	鹽	少許
白酒	250ml	黑胡椒	少許

作法

1. 鱸魚排修掉腹部及尾端肉，修出一整塊肉比較厚的魚排。
2. 鍋中加熱橄欖油後，放入蒜片，煎至金黃。
3. 將魚排放入，兩面煎至金黃。
4. 放入小番茄與黑橄欖片，加入白酒。開大火讓白酒滾起，使酒精揮發，湯汁剩下一半左右。
5. 放入檸檬汁與黃檸檬皮，以鹽與黑胡椒調味。

西式 主食

LET'S COOK

牛排佐時蔬

材 料

牛排	1片（約300g）	生菜沙拉	適量
鴻禧菇	50g	鹽	適量
紅椒	½顆	黑胡椒	少許
紅酒	50ml		

作 法

1. 牛排兩面均勻灑上鹽及黑胡椒，放入已經燒到高熱的煎鍋或烤盤。
2. 在牛排周圍放入鴻禧菇與紅椒。
3. 牛排翻面前，以紅酒嗆燒。
4. 取出鴻禧菇與紅椒，與生菜沙拉擺盤。
5. 牛排取出置於溫熱的盤子上休息，大約3~5分鐘後切厚片，擺盤即可。

| 西式配菜 | LET'S COOK

西式烤蔬菜

Chapter 3
身為料理家，減肥也要吃得很開心

　　母親生病後的第一個農曆年，她跟父親來跟我一起吃住過年。我沒有做傳統的大餐，餐桌上擺的都是我隨手可做、但卻是他們很少吃到的料理。

　　那年我做了散壽司，隔天早餐做了拿鐵給她喝，裝在喜愛的皇家哥本哈根保溫杯，她一邊喝、一邊欣賞餐具，說這樣感覺真好喝！還做了西式烤蔬菜，媽媽對這道烤蔬菜甚是喜愛，剛開始看我拿那麼多蔬菜出來處理，一直狐疑吃不完，後來一吃，是不夠吃啊！

西式

材料

白花椰	½ 顆	馬鈴薯	150g
青花菜	½ 顆	蒜頭	2~3 瓣
玉米筍	30g	熱炒專用橄欖油	2~3 大匙
黃椒	1 顆	初榨橄欖油	1 大匙
牛番茄	1 顆	鹽	適量
（或小番茄 120g）		黑胡椒	適量
黑橄欖片	1 大匙		

作法

① 所有蔬菜清洗乾淨後，切成比一口大小再大一些的尺寸，馬鈴薯帶皮或不帶皮均可。
② 烤盤塗一層熱炒用橄欖油，所有蔬菜以及蒜頭放入。
③ 撒鹽與黑胡椒，淋 2~3 大匙熱炒用橄欖油，把蔬菜翻拌均勻。
④ 放入已預熱烤箱，以 180 度烤約 20~25 分鐘，中途取出翻拌一次。
⑤ 如果某些蔬菜還不夠軟熟，可再放回烤箱續烤至想要的熟度即可。
⑥ 出爐後，淋上 1 大匙初榨橄欖油。

Chapter 3
身為料理家,減肥也要吃得很開心

西式

西式配菜

LET'S COOK

香煎蘑菇

Chapter 3
身為料理家,減肥也要吃得很開心

材料

蘑菇	1 盒	黑胡椒	少許
百里香(新鮮香草)	1 把	熱炒用橄欖油	1 小匙
巴薩米克醋	1 大匙	無鹽奶油	1 小匙
鹽	適量		

作法

1. 蘑菇切除菇蒂,再切對半,以廚房紙巾擦拭乾淨。
2. 鍋中放入熱炒用橄欖油,再放蘑菇炒約 30 秒後,加入巴薩米克醋。
3. 續炒至蘑菇全熟,讓水分蒸發至少一半。
4. 加入無鹽奶油與百里香拌勻。
5. 加鹽、黑胡椒調味。

Joyce 的小叮嚀

偶爾可以買到大顆的蘑菇時候,我就不切了,而是去蒂之後整顆使用。全部放入煎鍋煎熟就可以。整顆蘑菇的口感非常好,也很建議你也試試不分切蘑菇,使用整顆來料理。另外,巴薩米克醋屬義大利進口食材,直接從網路購買,或到進口超市採買會比較容易購得。

西式點心

LET'S COOK
隔夜燕麥

材料

燕麥	35g	奇異果	1 顆
牛奶	75ml	藍莓	數顆
優格	120g	百香果	半顆
草莓果醬	2 大匙		

作法

❶ 在瓶中底部放入放入草莓果醬，加入燕麥。

❷ 牛奶與優格混合後，放入瓶中。

❸ 將瓶子密封好，放入冰箱一晚。

❹ 要吃的時候再加上水果，奇異果切成一口大小，與藍莓一起放在最上面，再加百香果汁即可。

LET'S COOK

鮮蝦絲瓜麵線

家常主食

　　減肥兩年期間，第一年先戒澱粉，但料理工作的關係，試吃時還是會吃到，所以不工作時的餐點便沒有澱粉。第二年開始，偶爾會加上澱粉，但都是以往的一半分量，我讓自己可以吃澱粉，只要控制一定的量就可以了。

材 料

鮮蝦	2 隻	麻油	2 大匙
絲瓜	200g	鹽	適量
薑絲	少許	麵線	50g

作 法

1. 鮮蝦留頭與尾，中間身體部分的殼去掉，開背取出沙腸。絲瓜去皮，切成小段。
2. 麻油放入鍋中，先爆香薑絲，再放入鮮蝦，略微翻炒後，取出鮮蝦，備用。
3. 加入絲瓜翻炒，再加入水，滾後小火煮約 3 分鐘。
4. 加入已燙熟麵線與鮮蝦，以鹽調味即可。

LET'S COOK

家常 主食

高麗菜捲

　　高麗菜捲是我的心頭好之一，當作減肥料理時，只有這一道就可以滿足我了！做高麗菜捲花的時間與功夫較多，可以一次做好很多捲，先分裝冷凍起來，想吃的時候，只要拿出來放入鍋中燉煮即可。因為是減肥料理，所以不再煮醬汁來搭配高麗菜捲，以簡單的雞高湯來燉煮，就已經有好味道了！

材料

高麗菜	1 顆	麵包粉	3 大匙
無鹽奶油	30g	鮮奶油	80ml
沙拉油	30ml	培根片	4~5 片
洋蔥	480g	雞高湯	800ml
胡蘿蔔	50g	鹽	適量
牛絞肉	630g	黑胡椒	適量
番茄糊	1 小匙		

作法

1. 大鍋中放入水，加熱至小小滾的狀態。
2. 將去芯的高麗菜，一片一片剝離出完整的高麗菜葉，放入鍋中燙軟。
3. 高麗菜葉從鍋中取出泡入冷水中，冷卻後取出瀝乾備用。
4. 洋蔥與胡蘿蔔切細末。
5. 平底鍋加熱，放入無鹽奶油與沙拉油，洋蔥與胡蘿蔔放入炒至洋蔥焦糖化（深黃色），放涼備用。
6. 牛絞肉放入調理碗中，加入番茄糊、麵包粉、鮮奶油，以手用力抓拌均勻，同一個方向攪拌牛絞肉使之產生黏性。
7. 肉餡分成數份，以高麗菜葉包捲完成。
8. 鍋內先鋪培根，再把高麗菜捲放入鍋中，緊密排好，如有多餘的空隙，可將多餘的高麗菜葉塞入縫隙。
9. 倒入雞高湯，鹽、黑胡椒加入調味，以小火燉約 50 分鐘即可。

| 家常主食

LET'S COOK

破布子滷虱目魚肚

材料

虱目魚肚	1 條
米酒	40ml
嫩薑	2 片
水	100ml
醬油	35ml
破布子	25g
破布子汁	20ml
味醂	5ml

作法

❶ 除了虱目魚肚之外，將所有材料放入鍋中，煮滾。
❷ 虱目魚肚放入步驟 2 的煮汁中，滾後轉小火煮約 5 分鐘。
❸ 熄火後浸泡約 15 分鐘，盛盤即可。

LET'S COOK
銀芽肉絲拌芝麻醋醬

家常配菜

Chapter 3
身為料理家，減肥也要吃得很開心

材料

綠豆芽	130g
豬里肌肉絲	100g
綠蔥絲（裝飾用）	少許
磨碎白芝麻	適量
太白粉	1 大匙
蛋白	½ 匙

醬汁

白芝麻醬	2 大匙
柚子醋或米醋	1 大匙
味醂	1 小匙
砂糖	1 小匙

作法

❶ 將綠豆芽兩端摘掉。

❷ 豬肉絲放入調理碗中，加入 1 大匙太白粉水、½ 大匙蛋白，拌勻。

❸ 平底鍋內放入少量油，豬肉絲放入快炒，再放入銀芽，炒約 10 秒即可熄火。

❹ 鍋內所有食材放入調理碗內，加入醬汁所有材料，拌勻再加上碎白芝麻和蔥絲裝飾即可。

> **Joyce 的小叮嚀**
>
> 這是一道結合中式與日式的料理，快炒豬肉絲與銀芽是中式做法，而醬汁則是完全日本傳統風格，這樣既能吃到有鑊氣的肉絲，又同時簡化了中式爆香炒醬的過程，以日式手法拌勻醬汁與食材，就成了又香又有風味而且手法簡單的無醣家常料理。

家常配菜

LET'S COOK

肉燥蒸蛋

　　母親在餐廳吃到喜歡的料理後,會在家中復刻,之後便開始有自己的變化版本,我也經常這樣做料理,在餐廳品嘗後,回到廚房試著試著,會有自己的感想與心得,漸漸地轉化成自己想要的味道,母親的肉燥蒸蛋便是如此。蒸蛋的部分做得較一般茶碗蒸來的硬些,這樣才能承載肉燥的重量,所以雞蛋跟水的比例,可以再按照自己的心得調整。

材料

肉燥

豬絞肉	350g
紅蔥頭	50g
醬油	105ml
冰糖	35g
水	650ml
五香粉	1 大匙

蒸蛋

雞蛋	4 顆
水	120ml

作法

1. 紅蔥頭放入鍋內,以小火慢慢爆香,再放入豬絞肉,炒熟並且把肉末炒散。
2. 加入五香粉、水、醬油、冰糖,小火熬煮約 1 小時。
3. 雞蛋與水打均勻,放入大碗中,再放入蒸鍋中,蒸約 30 分鐘。
4. 蒸蛋取出後,把肉燥均勻鋪在上面即可。

家常配菜

LET'S COOK

醬拌皇宮菜嫩芽

身為料理家，減肥也要吃得很開心

做這道醬拌蔬菜時，蔬菜燙熟後要盡量把水分控乾，因過多水分會影響醬汁的味道。

這道料理的做法非常像京都家常菜，只是日本的蔬菜料理通常不會有蒜泥，這應該是媽媽加入變化的日本家常菜，活用台式料理手法中常應用的蒜頭，搭配清燙的蔬菜加上醬汁，高纖、無油、又富有滋味，是減肥人的好朋友。

材料

皇宮菜嫩芽	300g
蒜泥	1 小匙
醬油	20ml
味醂	8ml
柴魚片	適量

作法

1. 起一鍋滾水，皇宮菜嫩芽放入燙熟，起鍋瀝乾水分備用。
2. 調理碗內放入蒜泥、醬油與味醂，做成醬汁。
3. 趁皇宮菜還很熱的時候放入醬汁中拌勻，熱氣可以讓蒜泥的風味變柔和。
4. 盛盤後在皇宮菜上放柴魚片即可。

家常湯品

LET'S COOK
滴雞精魚湯

Chapter 3
身為料理家，減肥也要吃得很開心

這是我非常忙碌時，不想花太多時間在廚房，又想快速補充體力的好方法！把滴雞精當作高湯，放入想吃的魚就可以了。我通常都使用虱目魚肚，因為可以直接買處理好、無刺的魚肚。

我小時候最愛虱目魚肚，就是因為肥厚的脂肪，但當我開始為期兩年的減肥期，我吃虱目魚肚時，會把魚肚的油脂刮掉，這樣吃來很清爽！後來反而喜歡上這樣的清爽。不過，口味關乎個人，可以自由選擇，也可使用鱸魚或白肉魚。

材料

滴雞精	500ml
虱目魚肚	1 付
薑絲	5g
米酒	1 大匙
鹽	適量

作法

① 滴雞精放入鍋內煮。
② 以湯匙將虱目魚肚的脂肪刮除，切成 3cm 的小段。
③ 魚肚放入煮滾的雞精。
④ 加入薑絲與米酒、鹽調味即可。

家常湯品

LET'S COOK

冬菜嘴巴肉冬粉湯

　　小時候，老家附近的小夜市有賣鴨肉冬菜冬粉，是我們常常吃的晚餐之一，因此我對冬菜很有好感。彼時的冬菜，很有存在感、香氣盛，卻不過鹹，現在我能買到的冬菜通常較鹹，也比較沒有香味，偶爾懷念的時候，煮一碗冬菜冬粉湯還是很滿足的！

　　選用的嘴巴肉，是豬肉中膠質較多的部位，通常左右兩邊的嘴巴肉是一起賣的，一整付嘴巴肉看起來很多，但對於減重時以肉為主食的我來說，大概兩餐就可以吃完了！

材 料

嘴巴肉	1 付	昆布（5×5cm）	1 片
豬大骨	500g	碎干貝	1 小匙
冬菜	1 大匙	味醂	1 小匙
冬粉	1 份	鹽	適量

作 法

1. 豬大骨與嘴巴肉以滾水煮約 5 分鐘，以清水沖洗乾淨。
2. 將豬大骨、嘴巴肉、昆布、碎干貝放入鍋中，加入清水，滾後轉小火熬煮約 1 小時。
3. 加入冬菜與味醂，先略煮冬菜，讓鹹味都釋放後，再來決定加鹽的份量。
4. 嘴巴肉拿出略微放涼，切片後再放回湯中。
5. 加入冬粉煮熟，即可盛盤。

Joyce 的小叮嚀

熬排骨湯、嘴巴肉湯等等的豬肉類湯品時，我喜歡加入一些「海的味道」，讓湯頭更鮮美，最常使用也方便的就是蛤蜊。在湯熬好時加入蛤蜊，味道就能跳脫單純的肉湯，有著美味的 Umami，這等鮮味的湯，真的會讓人一口接一口啊！

家常湯品

LET'S COOK

苦瓜排骨湯

Chapter 3
身為料理家，減肥也要吃得很開心

材料

梅花排骨或小排	450g
苦瓜	200g
鹽	適量

作法

1. 排骨放入冷水中約 2 小時，期間換水兩、三次，這是韓國去血水的方式，我經常使用。
2. 起一鍋滾水，排骨放入，滾後煮約 3~5 分鐘，取出，以清水沖洗乾淨。
3. 鍋內放入水，放入洗淨的排骨，滾後轉小火，燉至排骨肉軟化，中間過程需撈除表面浮沫與浮油，使湯清澈、清爽。
4. 苦瓜去芯後，切塊，放入排骨鍋內，小火續燉約半小時，以鹽調味即可。

家常湯品 | LET'S COOK
薑絲魚湯

Chapter 3
身為料理家,減肥也要吃得很開心

　　小時候,母親經常買鮸魚,而且常常花高價買,因此家裡的餐桌經常出現鮸魚魚湯,沒有過多的調味,就只有薑絲、米酒與鹽巴,也從來沒有其他作法,一直都是是非常清爽的鮸魚清湯。

　　這一道湯真是減肥至寶,完全無油、清爽、美味、高蛋白,現在已經很少在傳統市場看到鮸魚了,如果在市場看到連接著骨頭的鮸魚塊,我都會快速出手買下,也就是為了這麼簡單清爽卻又好喝營養的湯。

材料

鮸魚或石班魚	300g
薑絲	10g
米酒	1 大匙
鹽	適量

作法

❶ 鍋中放入水,煮滾後將洗淨的鮸魚放入,薑絲一併放入。
❷ 加入米酒、鹽調味,魚熟後即可熄火。

joyce 的小叮嚀

這一道好喝的魚湯,也可以使用石斑魚來做,拍攝這天,我所購買的魚是野生紅石班,石斑魚的肉緊實、富有彈性,只要不要煮過頭,剛剛好的熟度,吃起來非常嫩。

30 公斤的距離
料理家私藏的 46 道減脂美味提案 + 喜愛的運動
50⁺也能擁有美眉身材

作　　者―郭靜黛 Joyce
攝　　影―李一木
責任編輯―周湘琦、徐詩淵
封面設計―點點設計 × 楊雅期
內頁設計―點點設計 × 楊雅期
副總編輯―呂增娣
總　編　輯―周湘琦

30 公斤的距離：料理家私藏的 46 道減脂美味提案 + 喜愛的運動 50⁺也能擁有美眉身材 / 郭靜黛 (Joyce) 作 . -- 初版 . -- 臺北市：時報文化出版企業股份有限公司, 2025.08
　面；　公分
ISBN 978-626-419-702-1（平裝）
1.CST: 減重 2.CST: 塑身 3.CST: 食譜
427.1　　　　　　　　　　114010215

董　事　長―趙政岷
出　版　者―時報文化出版企業股份有限公司
　　　　　　108019 台北市和平西路三段二四〇號二樓
　　　　　　發行專線（02）2306-6842
　　　　　　讀者服務專線　0800-231-705、（02）2304-7103
　　　　　　讀者服務傳真（02）2304-6858
　　　　　　郵撥　19344724 時報文化出版公司
　　　　　　信箱　10899 臺北華江橋郵局第 99 信箱
時報悅讀網― http://www.readingtimes.com.tw
電子郵件信箱― books@readingtimes.com.tw
時報出版風格線臉書― https://www.facebook.com/bookstyle2014
法律顧問―理律法律事務所　陳長文律師、李念祖律師
印　　刷―華展印刷股份有限公司
初版一刷― 2025 年 08 月 22 日
定　　價―新台幣 420 元
（缺頁或破損的書，請寄回更換）

時報文化出版公司成立於一九七五年，並於一九九九年股票上櫃公開發行，
於二〇〇八年脫離中時集團非屬旺中，以「尊重智慧與創意的文化事業」為信念。